T0194729

essentials

Essentials liefern aktuelles Wissen in konzentrierter Form. Die Essenz dessen, worauf es als „State-of-the-Art" in der gegenwärtigen Fachdiskussion oder in der Praxis ankommt. Essentials informieren schnell, unkompliziert und verständlich.

- als Einführung in ein aktuelles Thema aus Ihrem Fachgebiet
- als Einstieg in ein für Sie noch unbekanntes Themenfeld
- als Einblick, um zum Thema mitreden zu können.

Die Bücher in elektronischer und gedruckter Form bringen das Expertenwissen von Springer-Fachautoren kompakt zur Darstellung. Sie sind besonders für die Nutzung als eBook auf Tablet-PCs, eBook-Readern und Smartphones geeignet.

Essentials: Wissensbausteine aus den Wirtschafts, Sozial- und Geisteswissenschaften, aus Technik und Naturwissenschaften sowie aus Medizin, Psychologie und Gesundheitsberufen. Von renommierten Autoren aller Springer-Verlagsmarken.

Hermann Sicius

Radioaktive Elemente: Actinoide

Eine Reise durch das Periodensystem

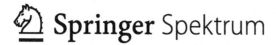
Springer Spektrum

Dr. Hermann Sicius
Dormagen
Deutschland

ISSN 2197-6708   ISSN 2197-6716 (electronic)
essentials
ISBN 978-3-658-09828-5   ISBN 978-3-658-09829-2 (eBook)
DOI 10.1007/978-3-658-09829-2

Die Deutsche Nationalbibliothek verzeichnet diese Publikation in der Deutschen Nationalbibliografie; detaillierte bibliografische Daten sind im Internet über http://dnb.d-nb.de abrufbar.

Springer Spektrum
© Springer Fachmedien Wiesbaden 2015

Gedruckt auf säurefreiem und chlorfrei gebleichtem Papier

Springer Fachmedien Wiesbaden ist Teil der Fachverlagsgruppe Springer Science+Business Media (www.springer.com)

Susanne Petra Sicius-Hahn
Elisa Johanna Hahn
Fabian Philipp Hahn
Gisela Sicius-Abel

Was Sie in diesem Essential finden können

- Eine umfassende Beschreibung von Herstellung, Eigenschaften und Verbindungen der Actinoide einschließlich Scandium, Yttrium, Lanthan und Actinium
- Aktuelle und zukünftige Anwendungen für Actinoide
- Ausführliche Charakterisierung der einzelnen Metalle

Inhaltsverzeichnis

Einleitung

1

Willkommen in der spannenden Welt der Actinoide! Im Periodensystem stehen sie mit Ordnungszahlen von 90 bis 103 ziemlich am Ende, und ihre Atommassen sind hoch. Vielleicht haben Sie bisher von Thorium, Uran und Plutonium gehört, da diese die bekanntesten Vertreter dieser Gruppe von Elementen sind. Da alle diese Metalle radioaktiv sind und manche von ihnen darüber hinaus in Kernkraftwerken anfallen, mag bei manchem Leser die Abneigung verstärken, mehr über sie erfahren zu wollen. Tatsächlich ist die Erforschung der natürlich vorkommenden Actinoide wie Thorium und Uran, die seit Mitte der 1940er Jahre durchgeführten Synthesen neuer, künstlicher Elemente und die für diese Gruppe von Elementen – im Gegensatz zur Lanthanoidengruppe – merkbare Beeinflussung der chemischen Eigenschaften durch die Radioaktivität sehr spannend. Manche noch vor wenigen Jahrzehnten unbekannte Metalle wie Americium und Curium werden bereits in spezialisierten technischen Anwendungen eingesetzt. Die Actinoide werden für Zukunftstechnologien immer bedeutsamer.

Elemente werden eingeteilt in Metalle (z. B. Natrium, Calcium, Eisen, Zink), Halbmetalle wie Arsen, Selen, Tellur sowie Nichtmetalle wie beispielsweise Sauerstoff, Chlor, Jod oder Neon. Die meisten Elemente können sich untereinander verbinden und bilden chemische Verbindungen; so wird z. B. aus Natrium und Chlor die chemische Verbindung Natriumchlorid, also Kochsalz).

Die in diesem Buch vorgestellten Actinoide wie z. B. Thorium, Neptunium, Berkelium oder Nobelium und die diesen chemisch ziemlich ähnlichen Metalle der dritten Nebengruppe (Scandium, Yttrium, Lanthan, Actinium) sind ebenso chemische Elemente wie die viel bekannteren Schwefel, Sauerstoff, Stickstoff, Wasserstoff, Helium oder Gold.

© Springer Fachmedien Wiesbaden 2015
H. Sicius, *Radioaktive Elemente: Actinoide*, essentials,
DOI 10.1007/978-3-658-09829-2_1

H 1	H 2	N 3	N 4	N 5	N 6	N 7	N 8	N 9	N 10	N 1	N 2	H 3	H 4	H 5	H 6	H 7	H 8
1 H																	2 He
3 Li	4 Be											5 B	6 C	7 N	8 O	9 F	10 Ne
11 Na	12 Mg											13 Al	14 Si	15 P	16 S	17 Cl	18 Ar
19 K	20 Ca	21 Sc	22 Ti	23 V	24 Cr	25 Mn	26 Fe	27 Co		28 Ni	29 Cu	30 Zn	31 Ga	32 Ge	33 As	34 Se	35 Br	36 Kr
37 Rb	38 Sr	39 Y	40 Zr	41 Nb	42 Mo	43 Tc	44 Ru	45 Rh		46 Pd	47 Ag	48 Cd	49 In	50 Sn	51 Sb	52 Te	53 J	54 Xe
55 Cs	56 Ba	57 La	72 Hf	73 Ta	74 W	75 Re	76 Os	77 Ir		78 Pt	79 Au	80 Hg	81 Tl	82 Pb	83 Bi	84 Po	85 At	86 Rn
87 Fr	88 Ra	89 Ac	104 Rf	105 Db	106 Sg	107 Bh	108 Hs	109 Mt		110 Ds	111 Rg	112 Cn	113 Uut	114 Fl	115 Uup	116 Lv	117 Uus	118 Uuo

Ln >	58 Ce	59 Pr	60 Nd	61 Pm	62 Sm	63 Eu	64 Gd	65 Tb	66 Dy	67 Ho	68 Er	69 Tm	70 Yb	71 Lu
An >	90 Th	91 Pa	92 U	93 Np	94 Pu	95 Am	96 Cm	97 Bk	98 Cf	99 Es	100 Fm	101 Md	102 No	103 Lr

Radioaktive Elemente   *Halbmetalle*
H: Hauptgruppen   N: Nebengruppen

Abb. 1.1 Periodensystem der Elemente

Einschließlich der natürlich vorkommenden sowie der bis in die jüngste Zeit hinein künstlich erzeugten Elemente nimmt das aktuelle Periodensystem der Elemente (Abb. 1.1) bis zu 118 Elemente auf, von denen zur Zeit noch vier Positionen unbesetzt sind.

Die Metalle der dritten Nebengruppe erscheinen im Periodensystem unter „N 3". Ihre Atome besitzen jeweils ein einziges Elektron in ihrer höchsten d-Elektronenkonfigu-ration (Scandium: $3d^1$, Yttrium: $4d^1$, Lanthan: $5d^1$, Actinium: $6d^1$).

Die vierzehn Actinoiden von Thorium bis Lawrencium finden Sie im Periodensystem unten unter „An >". Vom Atom des Thoriums bis zum Atom des Lawrenciums füllen diese ihre sieben 4 f-Orbitale fortlaufend mit Elektronen auf, so dass sich die Elektronenkonfiguration von $4f^1$ (Thorium) bis $4f^{14}$ (Lawrencium) erstreckt.

Insgesamt werden wir in diesem Buch also achtzehn Elemente beschreiben. Die Einzeldarstellungen werden alle relevanten Informationen über diese, jeweils sehr individuellen Elemente enthalten, so dass immer nur eine sehr kurze Einleitung vorangestellt wurde.

Actinoide und Metalle der dritten Nebengruppe – Geschichte und Vorkommen

Die beiden einzigen in nennenswerten Mengen in der Natur vorkommenden Actinoiden sind Thorium und Uran, die oder deren Verbindungen bereits seit ungefähr 200 Jahren bekannt sind. Alle anderen Actinoide entstehen dagegen entweder als Zwischenprodukte in Zerfallsreihen (Actinium, Protactinium, Neptunium und Plutonium) oder wurden bislang künstlich erzeugt. Über diese sämtlich metallischen Elemente wird in den Einzelkapiteln berichtet.

Scandium, das erste Element der dritten Nebengruppe, wurde 1879 von Nilsson in Form seines Oxids aus Euxenit und Gadolinit isoliert und nach seiner Heimatregion Skandinavien benannt. 1937 gelang es erstmals, metallisches Scandium durch Schmelzflusselektrolyse einer Mischung von Kalium-, Lithium- und Scandiumchlorid herzustellen.

Die Entdeckung der zu Scandium homologen Elemente Yttrium und Lanthan ist eng mit der der Seltenerdmetalle verbunden. Sie ist ausführlicher im Essential über Seltenerdmetalle beschrieben. Yttrium ist mit den schwereren Seltenerdmetallen (Yttererden) etwa von der Ordnungszahl 64 (Gadolinium) aufwärts vergesellschaftet, wogegen Lanthan eher den leichteren Seltenerdmetallen (Ceriterden) beigemengt ist. Um 1840 laugte Mosander *Cerit* mit Salpetersäure aus, trennte das bei diesem Verfahren aus der Lösung gefällte schwerlösliche Produkt ab und identifizierte es als Ceroxid. Er konnte aus der verbliebenen wässrigen Lösung zwei neue „Erden" isolieren, *Lanthana* und *Didymia*. Aus erstgenannter isolierte er durch fraktionierte Kristallisation Lanthansulfat. Wenige Jahre später stellte Mosander dann aus dem ursprünglichen *Ytterit* drei voneinander verschiedene Oxide dar, die er als Yttriumoxid (weiß), Erbiumoxid (gelb) und Terbiumoxid (rosafarben) bezeichnete. 1864 wies Delafontaine die so isolierten Elemente

© Springer Fachmedien Wiesbaden 2015
H. Sicius, *Radioaktive Elemente: Actinoide,* essentials,
DOI 10.1007/978-3-658-09829-2_2

spektroskopisch eindeutig nach, allerdings unter Verwechslung der Namen von Terbium und Erbium, die bis heute nicht mehr geändert wurden.

Debierne entdeckte Actinium, das bislang schwerste Element der dritten Nebengruppe, 1899 durch Aufarbeitung von Pechblende (Debierne, 1900 und), in der es als Zerfallsprodukt des Urans natürlich vorkommt. Alle Isotope des Actiniums sind radioaktiv.

Sämtliche Actinoide sind sehr reaktionsfähige Metalle. Daher kommen auch die in der Natur vorkommenden Thorium, Uran und die Spurenmetalle Protactinium, Neptunium und Plutonium nicht elementar vor, sondern nur in Form ihrer chemischen Verbindungen.

Aufarbeitung, Trennung und Herstellung

3

3.1 Actinoide

Falls die Notwendigkeit besteht, verschiedene in wässriger Lösung vorhandene Actinoide voneinander zu trennen, kommt wegen ihrer Ähnlichkeit zu den Lanthanoiden prinzipiell die Anwendung derselben Trennverfahren oder leicht hierzu abgewandelter Prozesse in Betracht. Die Ähnlichkeit der chemischen Eigenschaften der Actinoide (An) macht ihre Trennung in jedem Falle aufwändig und teuer.

Zur Gewinnung der einzelnen Metalle und ihrer Verbindungen wurden im Lauf der Zeit diverse Methoden entwickelt, die folgend vorgestellt werden. Diese dienen zunächst zur Trennung der Kationen der einzelnen Seltenerdmetalle voneinander, bevor aus den isolierten, ionenreinen Fraktionen, je nach Menge, eventuell die jeweiligen Metalle hergestellt werden können.

Zur Trennung der leichteren Actinoide (abgekürzt als „An") nutzt man die deutlichen Unterschiede in den Stabilitäten der diversen Oxidationsstufen dieser Elemente, während für die Trennung der schwereren Actinoide ähnlich wie bei den Lanthanoiden die Ionenaustauschchromatographie unter Nutzung der Actinoidenkontraktion herangezogen wird. An^{3+}-Ionen werden von Kationenaustauschern umso fester gebunden, je kleiner ihre Kernladungszahl ist, während die Extraktion mit Komplexbildnern, wie Citrat, Lactat oder α-Hydroxyisobutyrat bevorzugt für die durch kleinere Ionenradien gekennzeichneten schweren An^{3+}-Ionen erfolgt. Die Actinoidionen erscheinen im Eluat daher in der Reihenfolge Lr^{3+}, No^{3+}... Bk^{3+}, Cm^{3+}.

© Springer Fachmedien Wiesbaden 2015
H. Sicius, *Radioaktive Elemente: Actinoide*, essentials,
DOI 10.1007/978-3-658-09829-2_3

Aus abgebrannten, in wässrige Lösung eingebrachten Kernbrennstoffen kann man einzelne Actinoide auch mittels der Flüssig-flüssig-Extraktion isolieren. Metallische Actinoide können generell durch Reduktion ihrer wasserfreien Fluoride AnF_3 oder AnF_4 mit Magnesium- oder Lithium-Calcium-Dampf bei 1100 bis 1400 °C oder durch Schmelzflusselektrolyse gewonnen werden.

3.2   Metalle der dritten Nebengruppe

Metallisches Scandium erzeugt man aus seinem natürlich vorkommenden Silikat Thortveitit, das in mehreren Schritten zu Scandiumoxid umgewandelt wird. Dieses setzt man dann mit Fluorwasserstoff zu Scandiumfluorid um und reduziert jenes mit Calcium.

Wöhler stellte Yttrium in verunreinigter Form bereits 1824 durch Reaktion von Yttriumchlorid mit Kalium her. Heute erzeugt man reines Yttrium durch Reduktion von Yttriumfluorid mit Calcium.

Zur Produktion von Lanthan müssen zunächst Lösungen hergestellt werden, die Lanthan-III-ionen in reiner Form enthalten. Aus diesen fällt man Lanthan-III-oxalat, das wiederum zu Lanthan-III-oxid verglüht wird. Dieses setzt man entweder im Gemisch mit Kohle im Chlorstrom bei erhöhter Temperatur zu Lanthan-III-chlorid um, oder aber man überführt Lanthan-III-oxid im Drehrohrofen mit Fluorwasserstoff zu Lanthan-III-fluorid. Das Metall gewinnt man schließlich durch Schmelzflusselektrolyse von Lanthan-III-chlorid oder durch Reduktion von Lanthan-III-fluorid mit Calcium oder Magnesium.

Da Actinium in der Natur nur in sehr geringen Mengen vorkommt und zudem von seinen Begleitelementen, den Actinoiden, nur mit äußerst hohem Aufwand getrennt werden kann, wäre eine Gewinnung natürlich vorkommenden Actiniums extrem teuer. Heute stellt man das Isotop $^{227}_{89}Ac$ durch Bestrahlung von $^{226}_{88}Ra$ mit Neutronen in Kernreaktoren her.

Actinoide und Metalle der dritten Nebengruppe – physikalische und chemische Eigenschaften, Analytik

4

4.1 Physikalische Eigenschaften

4.1.1 Actinoide

In der Gruppe der Actinoide werden die 5f-Niveaus schrittweise bei gleichzeitigem Vorliegen besetzter äußerer Unterschalen (6s2, 6p6, 7s2, teilweise 6dn, wobei $n=1$ oder 2) aufgefüllt. Sie sind chemisch wesentlich stärker differenziert als die Elemente der homologen Lanthanoidengruppe (Gruppe der Seltenerdmetalle), was namentlich für die Elemente von Thorium bis Plutonium gilt. Mit Ausnahme von Thorium bilden sämtliche Actinoide An^{3+}-Ionen, deren Farben sich ähnlich jenen der Lanthanoidkationen in charakteristischer Weise ändern. Die Absorptionsspektren der An^{3+}-Ionen sind durch schmale, aber deutlich intensivere Banden als die der analogen Seltenerdmetalle gekennzeichnet.

Weitere Analogien zwischen Actinoiden und Lanthanoiden sind die mehr oder weniger gleichmäßige Abnahme der Ionenradien der An^{3+}-Ionen mit steigender Kernladungszahl (Actinoidenkontraktion), viele Verbindungen beider Gruppen sind zueinander isomorph [z. B. Trichloride ($AnCl_3/LnCl_3$), Dioxide (AnO_2/LnO_2], ferner in ähnlichen magnetischen Eigenschaften von An^{3+}- und Ln^{3+}-Ionen sowie im vergleichbaren Verhalten bei Ionenaustauschprozessen.

Andere physikalische Eigenschaften wie Dichte, Schmelzpunkte, magnetische Momente oder Farbe der dreiwertigen Ionen unterliegen teils periodischen Änderungen, jedoch gibt es von den Elementen Thorium bis Plutonium zum Teil gravierende Abweichungen von der Regel. Die Eigenschaften der schwersten Actinoide,

© Springer Fachmedien Wiesbaden 2015
H. Sicius, *Radioaktive Elemente: Actinoide*, essentials,
DOI 10.1007/978-3-658-09829-2_4

etwa ab Einsteinium, sind durch deren starke Radioaktivität erheblich beeinflusst, was sich vorrangig auf die Schwächung der Gitterkräfte im Metall und in seinen Verbindungen auswirkt. Alle Daten sind in den Tabellen im zweiten Teil dieses Buches enthalten.

4.1.2 Metalle der dritten Nebengruppe

Scandium und Yttrium zeigen Schmelzpunkte um 1500 °C, Lanthan und Actinium schmelzen bei etwa 1000 °C. Scandium und eben noch Yttrium sind Leichtmetalle, und Lanthan sowie Actinium weisen schon beachtlich hohe Dichten auf. Alle Metalle dieser Gruppe haben ein silbrig-weißes Aussehen.

4.2 Chemische Eigenschaften

4.2.1 Actinoide

Die am häufigsten vorkommende Oxidationsstufe der Actinoide ist $+3$, daneben existieren die Oxidationsstufen $+4$ für Thorium bis Curium (Ordnungszahlen 90 bis 96), $+5$ für Protactinium bis Americium (Ordnungszahlen 91 bis 95), $+6$ (Uran bis Americium, Ordnungszahlen 92 bis 95) und $+7$ (Neptunium und Plutonium, Ordnungszahlen 93 und 94).

Actinoide sind sehr reaktionsfähige Metalle, die wegen ihrer stark negativen Normalpotentiale E^0 für die Reaktion $An^{3+} + 3\ e^- \rightarrow An$ im Bereich von $-1{,}6$ bis $-2{,}3$ V sehr leicht oxidiert werden und so starke Reduktionsmittel darstellen. Sie reagieren schon mit Wasser und verdünnten Säuren unter Wasserstoffentwicklung, mit Nichtmetallen (z. B. Sauerstoff, Chlor, Stickstoff) bei erhöhter Temperatur meist heftig zu Oxiden An_2O_3, Chloriden $AnCl_3$ und Nitriden AnN.

Daher treten die Actinoidmetalle nur chemisch gebunden und oft miteinander vergesellschaftet in der Natur auf. Die oft schwer wasserlöslichen Fluoride AnF_3 erhält man am besten mittels Fällung aus schwach sauren Lösungen. Die Oxalate $An_2(C_2O_4)_3 \cdot n\ H_2O$ sind, ebenso wie die der Erdalkalimetalle, meist schwer löslich in wässrigen Medien und können aus verdünnter salpetersauren Lösung gefällt werden.

4.2.2 Metalle der dritten Nebengruppe

Scandium, Yttrium, Lanthan und Actinium bilden praktisch nur Verbindungen, in denen sie in der Oxidationsstufe $+3$ vorliegen. Auch sie zeigen stark negative Normalpotentiale und werden, vom Scandium zum Actinium hin zunehmend, von Wasser auch bei Raumtemperatur schon angegriffen; in Säuren lösen sie sich leicht.

Einzelne Metalle der dritten Nebengruppe (Scandium, Yttrium, Lanthan, Actinium) sowie der Gruppe der Actinoide (Thorium bis Lawrencium)

5

In den nachfolgenden Einzelbeschreibungen finden Sie das Portrait eines jeden Metalls auf jeweils zwei bis drei Seiten. Zunächst werden die Elemente der dritten Nebengruppe beschrieben, danach die Actinoide.

5.1 Scandium

Symbol	Sc	
Ordnungszahl	21	
CAS-Nr.	7440-20-2	
Aussehen	Silbrig-weiß	Scandium, Walze (Metallium Inc.)
Farbe von Sc^{3+} aq.	Farblos	
Entdecker, Jahr	Nilson, Cleve (Schweden), 1879	
Wichtige Isotope [natürliches Vorkommen (%)]	Halbwertszeit (a)	Zerfallsart, -produkt
$^{45}_{21}Sc$ (100)	Stabil	–
Vorkommen (geographisch, welches Erz)	Norwegen, Madagaskar	Thortveitit
Massenanteil in der Erdhülle (ppm)		5,1
Preis (US$), 99% (Metallium Inc.)	5 g (Brocken)	97 (2014-12-04)
	9,6 g (Walze, Ø 1,2 cm, in Ampulle)	320 (2014-12-04)

© Springer Fachmedien Wiesbaden 2015
H. Sicius, *Radioaktive Elemente: Actinoide*, essentials,
DOI 10.1007/978-3-658-09829-2_5

Atommasse (u)	44,96
Elektronegativität (Pauling)	1,36
Normalpotential (V; $Sc^{3+} + 3\ e^- \rightarrow Sc$)	$-2,03$
Atomradius (berechnet, pm)	160 (184)
Kovalenter Radius (pm)	170
Ionenradius (pm)	81
Elektronenkonfiguration	$[Ar]\ 4s^2\ 3d^1$
Ionisierungsenergie (kJ/mol), erste ♦ zweite ♦ dritte	633 ♦ 1235 ♦ 2389
Magnetische Volumensuszeptibilität	$2,6 \cdot 10^{-4}$
Magnetismus	Paramagnetisch
Curie-Punkt ♦ Néel-Punkt (K)	Keine Angabe
Einfangquerschnitt Neutronen (barns)	27
Elektrische Leitfähigkeit ([A/(V m)], bei 300 K)	$1,81 \cdot 10^6$
Elastizitäts- ♦ Kompressions- ♦ Schermodul (GPa)	74,4 ♦ 56,6 ♦ 29,1
Vickers-Härte ♦ Brinell-Härte (MPa)	—♦ 750
Kristallsystem	Hexagonal
Schallgeschwindigkeit (m/s, bei 293 K)	Keine Angabe
Dichte (g/cm³, bei 298 K)	2,99
Molares Volumen (m³/mol, bei 293 K)	$15,00 \cdot 10^{-6}$
Wärmeleitfähigkeit ([W/(m · K)])	15,8
Spezifische Wärme ([J/(mol · K)])	25,52
Schmelzpunkt (°C ♦ K)	1541 ♦ 1814
Schmelzwärme (kJ/mol)	14
Siedepunkt (°C ♦ K)	2836 ♦ 3109
Verdampfungswärme (kJ/mol)	333

Gewinnung Als Ausgangsstoff zur Herstellung von Scandium dient hauptsächlich Thortveitit [$Sc_2(Si_2O_7)$], das einzige Mineral, das das Element in nennenswerter Menge enthält. Andere Scandiumminerale sind daneben noch Pretulit ($ScPO_4$), Kolbeckit [$ScPO_4 \cdot 2H_2O$], Allendeit ($Sc_4Zr_3O_{12}$) und Heftetjernit ($ScTaO_4$).

In geringer Konzentration findet man Scandium in einigen hundert Mineralen (Horovitz 2012). Es ist daher auch in Erzkonzentraten, z. B. russischen und chinesischen Wolframit- und Tantalitkonzentraten, enthalten. Auch bei der Aufbereitung uranhaltiger Erze fallen Scandiumverbindungen an (Lide 1993; Das et al. 1971).

Scandiummetall wird nach vorheriger Reinigung und Aufkonzentration durch Umsetzung zum Fluorid und dessen Reduktion mit Calcium erzeugt.

Eigenschaften Scandium zählt zu den Leichtmetallen. An Luft wird es langsam matt, es bildet sich eine schützende gelbliche Oxidschicht. Scandium reagiert mit verdünnten Säuren unter Bildung von Wasserstoff und Sc^{3+}-Ionen. In Wasserdampf reagiert es ab 600 °C schnell zu Scandiumoxid Sc_2O_3. In wässrigen Lösungen verhalten sich Sc^{3+}-Ionen ähnlich wie Al^{3+}-Ionen.

Verbindungen Scandiumoxid (Sc_2O_3) entsteht durch Verbrennen elementaren Scandiums an Luft, ist aber auch durch Glühen anderer Scandiumsalze darstellbar. Es ist ein weißes Pulver mit dem sehr hohen Schmelzpunkt von 2485 °C.

Scandiumfluorid ist durch Reaktion von Scandium-III-hydroxid oder Scandium-III-oxid mit Flusssäure oder Ammoniumhydrogenfluorid zugänglich und ist ebenfalls ein weißes, wasserunlösliches Pulver.

Scandiumchlorid wird durch Reaktion von Scandiumoxid oder Scandiumcarbonat mit Salzsäure oder Ammoniumchlorid gebildet und ist ein weißer Feststoff. Das gelbe, hygroskopische und hydrolysierbare Scandiumiodid kann direkt durch Reaktion von Scandium mit Iod erzeugt werden.

Anwendungen Wichtigste Anwendung ist die von Scandiumiodid in Hochleistungs-Hochdruck-Quecksilberdampflampen, beispielsweise zur Beleuchtung von Stadien mit Flutlicht. Zusammen mit Verbindungen des Holmiums und Dysprosiums entsteht ein dem Tageslicht ähnliches Licht.

Legierungen verleiht Scandium gefügestabilisierende und korngrößenfeinende Eigenschaften. Eine Aluminium-Lithium-Legierung mit Zusätzen geringer Mengen an Scandium dient zur Herstellung einiger Bauteile in russischen Kampfflugzeugen. In manchen Bauteilen für Rennräder findet sich metallisches Scandium ebenfalls.

Scandium wird ebenso zur Herstellung von Laserkristallen wie auch magnetischen Datenspeichern, letzteres zur Erhöhung der Ummagnetisierungsgeschwindigkeit, eingesetzt. Scandiumchlorid ist, in sehr geringen Mengen verwendet, eine unverzichtbare Komponente des Katalysators zur Herstellung von Chlorwasserstoff.

5.2 Yttrium

Symbol	Y		
Ordnungszahl	39		
CAS-Nr.	7440-65-5		
Aussehen	Silbrig-weiß	Yttrium, Brocken (Metallium Inc.)	Yttrium, Pulver (Sicius)
Farbe von Y^{3+} aq.	Farblos		
Entdecker, Jahr	Gadolin (Finnland)		

Wichtige Isotope [natürliches Vorkommen. (%)]	Halbwertszeit (a)	Zerfallsart, -produkt
$^{89}_{39}$Y (100)	Stabil	–
Vorkommen (geographisch, welches Erz)	Brasilien, Indien, USA, China	Gadolinit, Thalenit, Xenotim, Monazit
Massenanteil in der Erdhülle (ppm)		26
Preis (US$), 99 % (Metallium Inc.)	50 g (Brocken)	39 (2014-12-04)
	14 g (Walze, Ø 1,2 cm, in Ampulle)	68 (2014-12-04)
Atommasse (u)		88,906
Elektronegativität (Pauling)		1,22
Normalpotential (V; $Y^{3+} + 3\,e^- \rightarrow Y$)		$-2,37$
Atomradius (berechnet, pm)		180 (212)
Kovalenter Radius (pm)		190
Ionenradius (pm)		93
Elektronenkonfiguration		[Kr] $5s^2\,4d^1$
Ionisierungsenergie (kJ/mol), erste ♦ zweite ♦ dritte		600 ♦ 1180 ♦ 1980
Magnetische Volumensuszeptibilität		$1,2 \cdot 10^{-4}$
Magnetismus		Paramagnetisch
Curie-Punkt ♦ Néel-Punkt (K)		Keine Angabe
Einfangquerschnitt Neutronen (barns)		1,3
Elektrische Leitfähigkeit ([A/(V · m)], bei 300 K)		$1,66 \cdot 10^6$
Elastizitäts- ♦ Kompressions- ♦ Schermodul (GPa)		63,5 ♦ 41,2 ♦ 25,6
Vickers-Härte ♦ Brinell-Härte (MPa)		–♦ 589
Kristallsystem		Hexagonal
Schallgeschwindigkeit (m/s, bei 293 K)		3300
Dichte (g/cm³, bei 298 K)		4,47
Molares Volumen (m³/mol, bei 293 K)		$19,98 \cdot 10^{-6}$
Wärmeleitfähigkeit ([W/(m · K)])		17
Spezifische Wärme ([J/(mol · K)])		26,53
Schmelzpunkt (°C ♦ K)		1526 ♦ 1799
Schmelzwärme (kJ/mol)		11,4
Siedepunkt (°C ♦ K)		2930 ♦ 3203
Verdampfungswärme (kJ/mol)		390

Gewinnung Aufkonzentriertes und gereinigtes Yttriumoxid wird durch Reaktion mit Fluorwasserstoff in Yttriumfluorid überführt, das dann mit Calcium im Vakuuminduktionsofen zu Yttriummetall umgesetzt wird.

Eigenschaften Yttrium ist an der Luft relativ beständig, läuft aber langsam an Bei Temperaturen oberhalb von 400 °C können sich frische Schnittstellen entzünden. Von Wasser wird Yttrium langsam angegriffen, in Säuren löst es sich als unedles Metall schnell auf. In seinen Verbindungen tritt das Element praktisch nur in der Oxidationsstufe $+3$ auf. In einigen Clusterverbindungen kann es auch in Oxidationsstufen <3 vorliegen. Yttrium zählt noch zur Gruppe der Leichtmetalle.

Verbindungen Yttriumoxid kommt in der Natur in einigen Mineralen (Samarskit, Yttrobetafit) vor. Man gewinnt das weiße, hochschmelzende (2410 °C) Pulver durch Verglühen von z. B. Yttriumoxalat oder -hydroxid an der Luft.

Yttriumfluorid wird durch Reaktion von Fluor mit Yttriumoxid oder besser aus Yttriumhydroxid und Flusssäure dargestellt und ist in einem sehr breiten Wellenlängenbereich (200 bis 14.000 nm) transparent. Yttriumchlorid stellt man aus Salzsäure und Yttriumoxid her.

Gelbes Yttriumsulfid (Y_2S_3) ist aus den Elementen in der Hitze darstellbar, hygroskopisch und empfindlich gegenüber Hydrolyse.

Anwendungen Metallisches Yttrium wird wegen seines geringen Einfangquerschnitts für thermische Neutronen zur Herstellung von Rohren für Kernkraftwerke verwendet. Seine Legierung mit Cobalt (YCo_5) ist stark magnetisch. Yttrium ist enthalten in Heizdrähten für Ionenquellen von Massenspektrometern, als Legierungsbestandteil zur Kornfeinung in Eisen-Chrom-Aluminium-Heizleiterlegierungen und anderen. Aluminium- und Magnesiumlegierungen verleiht es höhere Festigkeit.

Am wichtigsten ist die Verwendung von Yttriumoxid und -oxidsulfid in dotierten Leuchtstoffen, in Kombination verwendet mit Europium (rot) und Thulium (blau), in Fernsehbildröhren, Leuchtstofflampen und Radarröhren.

Yttriumnitrat ist Beschichtungsmaterial in Glühstrümpfen, und Yttrium-Aluminium-Granat (YAG) dient als Laserkristall. Eine Zukunftstechnologie ist der Einsatz durch Yttrium stabilisierten Zirkoniumdioxids als Festelektrolyt in Brennstoffzellen.

Als reiner Beta-Strahler wird das Isotop $^{90}_{39}Y$ in der Radiosynoviorthese zur Therapie großer Gelenke (z. B. Knie) eingesetzt.

5.3 Lanthan

Symbol	La	
Ordnungszahl	57	
CAS-Nr.	7439-91-0	

Aussehen	Silbrig-weiß	Lanthan, Brocken (Metallium Inc.)
Farbe von La^{3+} aq.	Farblos	
Entdecker, Jahr	Mosander (Schweden), 1839	
Wichtige Isotope [natürliches Vorkommen (%)]	Halbwertszeit (a)	Zerfallsart, -produkt
$^{137}_{57}La$ (synthetisch)	60.000	$\epsilon > \, ^{137}_{56}Ba$
$^{138}_{57}La$ (0,09)	$1,05 \cdot 10^{11}$ (ϵ)	$\epsilon > \, ^{138}_{56}Ba \blacklozenge \beta^- > \, ^{138}_{58}Ce$
$^{139}_{57}La$ (99,91)	Stabil	–
Vorkommen (geographisch, welches Erz)	China, Skandinavien	Monazit, Bastnäsit
Massenanteil in der Erdhülle (ppm)		17
Preis (US$), 99 % (Metallium Inc.)	50 g (Brocken, unter Mineralöl)	38 (2014-12-04)
	20 g (Walze, Ø 1,2 cm, in Ampulle)	80 (2014-12-04)
Atommasse (u)		138,905
Elektronegativität (Pauling)		1,1
Normalpotential (V; $La^{3+} + 3\,e^- \rightarrow La$)		$-2,38$
Atomradius (berechnet, pm)		195
Kovalenter Radius (pm)		207
Ionenradius (pm)		103
Elektronenkonfiguration		$[Xe]\,6s^2\,5d^1\,4f^0$
Ionisierungsenergie (kJ/mol), erste $\blacklozenge$ zweite $\blacklozenge$ dritte		538 $\blacklozenge$ 1067 $\blacklozenge$ 1850
Magnetische Volumensuszeptibilität		$5,4 \cdot 10^{-5}$
Magnetismus		Paramagnetisch
Curie-Punkt $\blacklozenge$ Néel-Punkt (K)		Keine Angaben
Einfangquerschnitt Neutronen (barns)		8,9
Elektrische Leitfähigkeit([A/(V m)], bei 300 K)		$1,626 \cdot 10^6$
Elastizitäts- $\blacklozenge$ Kompressions- $\blacklozenge$ Schermodul (GPa)		37 $\blacklozenge$ 28 $\blacklozenge$ 14
Vickers-Härte $\blacklozenge$ Brinell-Härte (MPa)		491 $\blacklozenge$ 363

Kristallsystem	Hexagonal (>310 °C: Kubisch-flächenzentriert)
Schallgeschwindigkeit (m/s, bei 293 K)	2475
Dichte (g/cm³, bei 298 K)	6,17
Molares Volumen (m³/mol, bei 293 K)	$22{,}39 \cdot 10^{-6}$
Wärmeleitfähigkeit ([W/(m · K)])	13
Spezifische Wärme ([J/(mol · K)])	27,11
Schmelzpunkt (°C ♦ K)	920 ♦ 1193
Schmelzwärme (kJ/mol)	6,2
Siedepunkt (°C ♦ K)	3470 ♦ 3743
Verdampfungswärme (kJ/mol)	400

Gewinnung Das wichtigste Mineral zur Gewinnung von Lanthan ist Monazitsand, der ca. 10 Gew.-% an chemisch gebundenem Lanthan enthält. Nach dessen Aufschluss mit konzentrierter Schwefelsäure fällt man die so erhaltenen Sulfate der Seltenerdmetalle aus der wässrigen Lösung ihrer Sulfate in der Kälte als Oxalate aus und wandelt diese dann durch Glühen in die jeweiligen Oxide um. Die Abtrennung des Lanthan-III-oxids erfolgt durch Ionenaustausch und Komplexbildung. Gereinigtes Lanthanoxid wird mit Fluorwasserstoff in Lanthanfluorid überführt. Bei hoher Temperatur setzt man dieses mit Calciummetall zu elementarem Lanthan und Calciumfluorid um. Die Abtrennung verbleibender Calciumreste und Verunreinigungen erfolgt durch zusätzliches Umschmelzen im Vakuum.

Eigenschaften Das silberweiß glänzende Metall ist leicht verformbar. Es existieren in Abhängigkeit von der Temperatur drei Modifikationen. Lanthan ist reaktionsfähig, sehr unedel und überzieht sich an der Luft schnell mit einer weißen Oxidschicht, die in feuchter Luft zum Hydroxid weiterreagiert.

Lanthan reagiert bereits bei Raumtemperatur mit Luftsauerstoff zu Lanthanoxid (La_2O_3), mit Wasser weiter zu Lanthanhydroxid [$La(OH)_3$]. Bei Temperaturen oberhalb von 440 °C verbrennt Lanthan an der Luft zu Lanthanoxid. Mit kaltem Wasser reagiert es langsam, mit warmem schnell unter Bildung von Wasserstoff und Lanthanhydroxid. Mit Halogenen reagiert es schon bei Raumtemperatur, ebenso leicht bildet Lanthan Chalkogenverbindungen.

Verbindungen In seinen Verbindungen tritt Lanthan fast nur in der Oxidationsstufe +3 auf. Lanthanoxid ist ein weißes Pulver, wirkt ätzend und reagiert wie Calciumoxid mit Wasser stark exotherm unter Bildung des alkalisch reagierenden Hydroxids. Lanthannitrat bildet farblose, leicht wasserlösliche Kristalle und kann aus verschiedenen Lanthansalzen durch Umsetzung mit Salpetersäure gewonnen werden.

Anwendungen Lanthan wird in Leuchtstoffen von Energiesparlampen und Leuchtstoffröhren (LaPO$_4$:Ce, Tb) sowie Sonnenbanklampen eingesetzt, ferner in Batterien von Hybrid- oder Elektrofahrzeugen, deren Akkumulatoren bis zu 15 kg Lanthan und 1 kg Neodym enthalten. Eine Lanthan-Nickel-Legierung (LaNi$_5$) dient als Wasserstoffspeicher in Nickel-Metallhydrid-Akkumulatoren, eine aus Lanthan und Kobalt (LaCo$_5$) als Permanentmagnet. Als Zusatz verwendet man es in Kohlelichtbogenlampen zur Studiobeleuchtung. In Verbindung z. B. mit Kobalt, Eisen und Mangan dient es als Kathode für Hochtemperatur-Brennstoffzellen (SOFC). Legierungen mit Titan verwendet man in der Medizintechnik zur Herstellung korrosionsresistenter und sterilisierbarer Instrumente.

Lanthanoxid dient zur Herstellung von Gläsern mit relativ hohem Brechungsindex, der sich auch nur gering mit der Wellenlänge ändert; Einsatzgebiet sind Kameras, Teleskoplinsen und Brillengläser. Es wird zudem zur Produktion von Kristallglas und Porzellanglasuren benutzt, da es die bisher hierfür verwendeten, toxischen Bleiverbindungen bei gleichzeitig verbesserter chemischer Beständigkeit, vor allem gegenüber Alkalien („spülmaschinenfest") ersetzen kann. Lanthanoxid ist ferner ein wichtiger Zusatz zu Zeolithen beim Cracking-Prozess zur Verarbeitung von Erdöl in Raffinerien, in Poliermitteln für Glas, in Glühkathoden für Elektronenröhren und in keramischen Kondensatormassen sowie silikatfreien Gläsern.

Lanthanfluorid wird als optisches Material, Beschichtung von Lampen oder (dotiert mit Europium) als Elektrodenmaterial zum Nachweis von Fluoridionen verwendet. Lanthan-III-chloridheptahydrat setzt man in der Medizin als Calciumkanalblocker ein; man kann es in der Wasserwirtschaft zur Eindämmung von Algenwachstum durch Bindung von Phosphaten verwenden werden.

5.4 Actinium

Symbol	Ac		
Ordnungszahl	89		
CAS-Nr.	7440-34-8		
Aussehen	Silbrig, blau leuchtend		
Farbe von Ac^{3+}aq.	Farblos		
Entdecker, Jahr	Debierne (Frankreich), 1899		
Wichtige Isotope [natürliches Vorkommen (%)]	Halbwertszeit (a)	Zerfallsart, -produkt	
$^{227}_{89}$Ac (100)	21,77	$\beta \rightarrow\ ^{227}_{90}$Th, dann $\alpha >\ ^{223}_{87}$Fr	
Vorkommen (geographisch, welches Erz)	–	Äußerst gering, als Begleiter von Uranerzen	

Massenanteil in der Erdhülle (ppm)	–
Atommasse (u)	227,028
Elektronegativität (Pauling)	1,1
Normalpotential (V; $Ac^{3+}+3\,e^- \rightarrow Ac$)	–2,13
Atomradius (berechnet, pm)	195
Kovalenter Radius (pm)	215
Ionenradius (pm)	118
Elektronenkonfiguration	[Rn] $7s^2\,6d^1$
Ionisierungsenergie (kJ/mol), erste ♦ zweite	499 ♦ 1170
Magnetische Volumensuszeptibilität	$1,4 \cdot 10^{-3}$
Magnetismus	Paramagnetisch
Curie-Punkt ♦ Néel-Punkt (K)	Keine Angabe
Einfangquerschnitt Neutronen (barns)	810 ($^{227}_{89}Ac$)
Elektrische Leitfähigkeit ([A/(V · m)], bei 300 K)	Keine Angabe
Elastizitäts- ♦ Kompressions- ♦ Schermodul (GPa)	Keine Angabe
Vickers-Härte ♦ Brinell-Härte (MPa)	Keine Angabe
Kristallsystem	Kubisch-flächenzentriert
Schallgeschwindigkeit (m/s, bei 293 K)	Keine Angabe
Dichte (g/cm³, bei 298 K)	10,03
Molares Volumen (m³/mol, bei 293 K)	$22,55 \cdot 10^{-6}$
Wärmeleitfähigkeit ([W/(m · K)])	12
Spezifische Wärme ([J/(mol · K)])	27,2
Schmelzpunkt (°C ♦ K)	1050 ♦ 1323
Schmelzwärme (kJ/mol)	14
Siedepunkt (°C ♦ K)	3300 ♦ 3573
Verdampfungswärme (kJ/mol)	400

Gewinnung Die natürlichen Vorkommen von Actinium in Uranerzen sind sehr gering und damit für die technische Gewinnung des Metalles bedeutungslos. Im technischen Maßstab stellt man das Isotop $^{227}_{89}Ac$ durch Bestrahlung von $^{226}_{88}Ra$ mit Neutronen in Kernreaktoren her.

Eigenschaften Das Metall ist silberweiß glänzend (Stites et al. 1955) und ziemlich weich (Seitz und Turnbull 1964). Aufgrund seiner starken Radioaktivität leuchtet Actinium im Dunkeln in einem hellblauen Licht (Stites et al. 1955).

Actinium ist sehr reaktionsfähig und wird selbst von Luft und Wasser schnell angegriffen. An der Luft überzieht es sich mit einer dünnen Schicht von Actiniumoxid, die es vor weiterer Oxidation schützt (Stites et al. 1955).

Das hydratisierte Ac^{3+}-Ion ist farblos. Das chemische Verhalten von Actinium ähnelt sehr dem Lanthan. Actinium weist in allen zehn bekannten Verbindungen die Oxidationsstufe +3 auf (Katz und Manning 1952).

Eine ausführliche Beschreibung des Actiniums und seiner bis 1946 bekannten Verbindungen gibt Seaborg (Seaborg 1946).

Verbindungen Die meisten der wenigen überhaupt bekannten Verbindungen des Actiniums sind die Halogenide AcX_3 und Oxidhalogenide AcOX, außerdem das Oxid Ac_2O_3, das Sulfid Ac_2S_3 und das Phosphat $AcPO_4$. Das Oxid gewinnt man durch Erhitzen des Hydroxids bei 500 °C.

AcF_3 erhält man durch Umsetzung von Flusssäure mit actiniumhaltigen Lösungen als schwerlöslichen Niederschlag. Alternativ ist die Darstellung aus Actiniummetall und Fluorwasserstoff bei 700 °C in einer aus Platin bestehenden Apparatur möglich. Dagegen ist $AcCl_3$ aus $Ac(OH)_3$ mit Tetrachlormethan bei Temperaturen um 1000 °C zugänglich (Fried et al. 1950).

Die Oxidhalogenide entstehen durch Reaktion der Trihalogenide mit feuchtem Ammoniak bei ca. 1000 °C. So ergibt die Reaktion von Aluminiumbromid und Actinium-III-oxid zunächst Actinium-III-bromid ($AcBr_3$), dessen Behandlung mit feuchtem Ammoniak bei 500 °C führt dann zum Oxibromid AcOBr (Fried et al. 1950).

Anwendungen Actinium wird als Neutronenquelle für die Neutronenaktivierungsanalyse eingesetzt, einer Methode, mit deren Hilfe u. a. radioaktive Zerfallsprodukte genauer untersucht werden können. Darüber hinaus verwendet man es zur thermoionischen Energieumwandlung in speziellen Generatoren. Jene emittieren Elektronen aus einer durch das Radionuklid erhitzten Glühkathode und haben Wirkungsgrade zwischen 10 und 20 %. Einsatzgebiet sind meist kleine in der Raumfahrt verwendete Kernreaktoren.

5.5 Thorium

Symbol	Th	
Ordnungszahl	90	
CAS-Nr.	7440-29-1	
Aussehen	Silbrig-grau	Thorium, Stange
Farbe von Th^{4+} aq.	Farblos	(„Thorium", Chemicool Periodic Table 2012)
Entdecker, Jahr	Berzelius (Schweden), 1829	

Wichtige Isotope [natürliches Vorkommen (%)]	Halbwertszeit (a)	Zerfallsart, -produkt
$^{232}_{90}$Th (100)	$1{,}405 \cdot 10^{10}$	$\alpha > {}^{228}_{88}$Ra
Vorkommen (geographisch, welches Erz)	Australien, Norwegen, Sri Lanka, Kanada, USA, Indien, Türkei, Brasilien	Monazit, Thorit
Massenanteil in der Erdhülle (ppm)		11
Preis (US$), 99% (The Nuclear Metals)	1 kg	5000 (2014-12-04)
Atommasse (u)		232,038
Elektronegativität (Pauling)		1,3
Normalpotential (V; $Th^{3+} + 3\,e^- \to Th$)		$-1{,}17$ (berechnet)
Atomradius (berechnet, pm)		180
Kovalenter Radius (pm)		206
Ionenradius (pm)		101 (Th^{3+})
Elektronenkonfiguration		[Rn] $7s^2\,6d^1$
Ionisierungsenergie (kJ/mol), erste ◆ zweite ◆ dritte ◆ vierte		578 ◆ 1110 ◆ 1930 ◆ 2780
Magnetische Volumensuszeptibilität		$8{,}4 \cdot 10^{-5}$
Magnetismus		Paramagnetisch
Curie-Punkt ◆ Néel-Punkt (K)		Keine Angabe
Einfangquerschnitt Neutronen (barns)		7,4 ($^{232}_{90}$Th)
Elektrische Leitfähigkeit ([A/(V · m)], bei 300 K)		$6{,}67 \cdot 10^6$
Elastizitäts- ◆ Kompressions- ◆ Schermodul (GPa)		79 ◆ 54 ◆ 31
Vickers-Härte ◆ Brinell-Härte (MPa)		350 ◆ 400
Kristallsystem		Kubisch-flächenzentriert ($>1400\,°C$: kubisch-raum.)
Schallgeschwindigkeit (m/s, bei 293 K)		2490
Dichte (g/cm³, bei 298 K)		11,72
Molares Volumen (m³/mol, bei 293 K)		$19{,}8 \cdot 10^{-6}$
Wärmeleitfähigkeit ([W/(m · K)])		54
Spezifische Wärme ([J/(mol · K)])		26,23
Schmelzpunkt (°C ◆ K)		1755 ◆ 2028
Schmelzwärme (kJ/mol)		16
Siedepunkt (°C ◆ K)		4788 ◆ 5061
Verdampfungswärme (kJ/mol)		530

Gewinnung Thorium wird durch Reaktion von Thoriumdioxid mit Calcium in Form von Pulver oder Spänen im Ofen unter Argon-Atmosphäre gewonnen. Eine Reduktion mit Wasserstoff (wie bei anderen Metallen üblich) ist nicht möglich, da das in situ gebildete Thorium gleich zu Hydriden weiter reagiert. Danach wäscht man den Schmelzkuchen in Flusssäure und filtriert das Thoriummetall ab.

Eigenschaften Reines Thorium ist silberweiß und an der Luft bei Raumtemperatur stabil. Es behält seinen metallischen Glanz für längere Zeit. Ist es dagegen mit seinem Oxid verunreinigt, läuft es langsam an und wird grau, später schwarz. Hochreines, oxidfreies Thorium ist weich und sehr dehnbar, es kann kalt gewalzt und gezogen werden. Von Wasser wird es nur sehr langsam angegriffen, ebenfalls löst es sich auch in den meisten verdünnten Säuren (Fluss-, Salpeter-, Schwefelsäure) und in konzentrierter Salz- und Phosphorsäure nur langsam, schnell aber in rauchender Salpetersäure und Königswasser. In feinverteilter Form ist Thorium an der Luft beim Erhitzen selbstentzündlich, es verbrennt mit weißer, leuchtender Flamme.

Verbindungen Gemäß seiner Stellung im Periodensystem tritt Thorium in seinen Verbindungen meist in der Oxidationsstufe $+4$ auf; die Oxidationszahlen $+2$ und $+3$ sind seltener. In seinen Carbiden besitzt es keine feste Stöchiometrie.

Thorium-IV-oxid (ThO_2) hat mit 3300 °C einen der höchsten Schmelzpunkte aller Metalloxide und auch Metalle.

Thorium-IV-nitrat [$Th(NO_3)_4$] ist farblos und leicht sowohl in Wasser als auch Alkohol löslich. Es ist ein wichtiges Zwischenprodukt zur Herstellung von Thorium-IV-oxid und wird auch bei der Erzeugung von Gasglühkörpern eingesetzt.

Thorium-IV-nitrid (Th_3N_4) entsteht beim Glühen von Thorium in Stickstoffatmosphäre und besitzt messingfarbenen Glanz. Es ist hygroskopisch und wird durch Luftfeuchtigkeit schnell hydrolytisch zersetzt.

Thoriumcarbid (ThC_2) bildet gelbe, monokline Kristalle mit einem Schmelzpunkt von 2655 °C und wird bei etwa 9 K supraleitend. In Form des Mischcarbids (Th, U)C_2 setzt man es als Brennstoff in gasgekühlten Hochtemperaturreaktoren ein; dessen Herstellung erfolgt durch Umsetzung der Thorium- und Uranoxide mit Kohlenstoff bei Temperaturen zwischen 1600 und 2000 °C.

Anwendungen Thorium wurde in Form seines Oxides für die Herstellung von Glühstrümpfen eingesetzt. Jene stellte man her, indem man Stoffgewebe mit einer 99 % Thorium- und 1 % Cernitrat enthaltenden Lösung tränkte und dann anzündete. In der Hitze zersetzte sich Thoriumnitrat zu Thoriumdioxid. Jenes verlieh der Gasflamme ein weißes Licht, das nicht auf die äußerst schwache Radioaktivität des Thoriums zurückzuführen war, sondern sich einfach um chemisch angeregtes Leuchten handelte. Wegen der Radioaktivität des Thoriums ging man aber zwischenzeitlich doch zu anderen Materialien über.

Thorium kann wegen seines hohen Wirkungsquerschnitts für thermische Neutronen zur Herstellung des spaltbaren Uranisotops $^{233}_{92}$U verwendet werden. Aus Thorium $^{232}_{90}$Th entsteht durch Neutronenbestrahlung $^{233}_{90}$Th, das über Protactinium ($^{233}_{91}$Pa) in Uran ($^{233}_{92}$U) übergeht. Die frühen Hochtemperaturreaktoren (HTR), die Thorium als Brennmaterial verwendeten (z. B. THTR-300), bildeten aber weniger an $^{233}_{92}$U als sie an Spaltstoff verbrauchten. Sie waren neben der Zugabe von Thorium daher auf ständige Zufuhr hochangereicherten Urans (93 % $^{235}_{92}$U) angewiesen. Dies war aus Sicherheitsgründen inakzeptabel, so dass neuere Konzepte für Hochtemperaturreaktoren die Verwendung von Thorium nicht mehr vorsehen und auf Basis des klassischen U/Pu-Zyklus mit niedrig angereichertem Uran aufgebaut sind.

Trotzdem wird versucht, das nur schwach radioaktive Thorium weiterhin zur Energiegewinnung zu nutzen. Eine neue, auf fünf Jahre angelegte Versuchsreihe zur Verwendung von Thorium in MOX-Brennelementen läuft seit April 2013 im norwegischen Forschungsreaktor Halden. Ziel ist es, das Verfahren in kommerziellen Kernkraftwerken anzuwenden und dabei auch den Einsatz des Plutoniums zu reduzieren (Peggs et al. 2012; World Nuclear Association 2013). Auch das Konzept des beschleunigergetriebenen Rubbiatron-Reaktors basiert auf dem Einsatz von Thorium.

Zur Verbesserung der Zündeigenschaften der beim Wolfram-Inertgas-Schweißen (WIG-Schweißen) verwendeten Elektroden setzte man zwischenzeitlich Thoriumdioxid in Mengen von 1 bis 4 % zu. Diese Verwendung ist inzwischen aber wegen der durch Dämpfe und Schleifstaub verbreiteten Strahlenbelastung nahezu eingestellt worden. Moderne WIG-Elektroden enthalten stattdessen Zusätze von Cer-IV-oxid.

Als Glühelektrodenwerkstoff eingesetzter Wolframdraht wird zur Verringerung der Elektronen-Austrittsarbeit mit geringen Mengen Thoriumdioxid versehen. Dies ermöglicht die Reduzierung der zur Erzielung einer vergleichbaren Emission notwendigen Temperatur in Elektronenröhren und verbessert so das Startverhalten von Entladungslampen. Im Lampenbau wird Thorium ferner als Getter in Form von Thoriumdioxid-Pillen oder Thoriumfolie eingesetzt.

Thoriumdioxid setzte man früher den Gläsern hochwertiger optischer Linsen zu, um jenen einen sehr hohen optischen Brechungsindex bei zugleich kleiner optischer Dispersion zu verleihen (Canon Corp.). Thoriumhaltige Linsen haben einen leichten, sich verstärkenden Gelbstich. Wegen der geringen, von thoriumhaltigem Glas emittierten Radioaktivität stellt man dieses heute nicht mehr her, sondern verwendet stattdessen Zusätze auf Basis von Lanthan (LaK9) (Zusammenfassung einschlägiger Literatur in einem Beitrag von Nutzer „Ill" im Leica User Forum, Permalink).

5.6 Protactinium

Symbol	Pa
Ordnungszahl	91
CAS-Nr.	7440-13-3

Aussehen	Silbrig-metallisch	Protactinium, Kristall
Farbe von Pa^{x+} aq.	Siehe „Verbindungen"	(European Commission 2015)

Entdecker, Jahr	Von Grosse (USA), 1927	
Wichtige Isotope [natürliches Vorkommen (%)]	Halbwertszeit	Zerfallsart, -produkt
$^{230}_{91}Pa$ (synthetisch)	17,4 d	$\varepsilon > {}^{230}_{90}Th$
$^{231}_{91}Pa$ (100)	32.760 a	$\alpha > {}^{227}_{89}Ac$
$^{232}_{91}Pa$ (synthetisch)	1,31 d	$\beta^- > {}^{232}_{92}U$
$^{233}_{91}Pa$ (synthetisch)	26,97 d	$\beta^- > {}^{233}_{92}U$
Vorkommen (geographisch, welches Erz)	–	Uranerze
Massenanteil in der Erdhülle (ppm)		$\sim 10^{-6}$
Preis (US$), 99 %	1 g	280
Atommasse (u)		231,036
Elektronegativität (Pauling)		1,5
Normalpotential (V; $Pa^{3+} + 3\ e^- \rightarrow Pa$)		Keine Angabe
Atomradius (berechnet, pm)		163 (–)
Kovalenter Radius (pm)		200
Ionenradius (pm)		113 (Pa^{3+})
Elektronenkonfiguration		[Rn] $7s^2\ 6d^1\ 5f^2$
Ionisierungsenergie (kJ/mol), erste ♦ dritte		568 ♦ 1814
Magnetische Volumensuszeptibilität		Keine Angabe
Magnetismus		Paramagnetisch
Curie-Punkt ♦ Néel-Punkt (K)		Keine Angabe
Einfangquerschnitt Neutronen (barns)		Keine Angabe
Elektrische Leitfähigkeit ([A/(V · m)], bei 300 K)		$5,56 \cdot 10^6$
Elastizitäts- ♦ Kompressions- ♦ Schermodul (GPa)		Keine Angabe
Vickers-Härte ♦ Brinell-Härte (MPa)		Keine Angabe
Kristallsystem		Tetragonal
Schallgeschwindigkeit (m/s, bei 293 K)		Keine Angabe
Dichte (g/cm^3, bei 298 K)		15,37

Molares Volumen (m³/mol, bei 293 K)	$15{,}18 \cdot 10^{-6}$
Wärmeleitfähigkeit ([W/(m · K)])	47
Spezifische Wärme ([J/(mol · K)])	Keine Angabe
Schmelzpunkt (°C ♦ K)	1568 ♦ 1841
Schmelzwärme (kJ/mol)	16,7
Siedepunkt (°C ♦ K)	4027 ♦ 4300
Verdampfungswärme (kJ/mol)	481

Gewinnung 1927 isolierte Von Grosse aus Abfällen der Herstellung von Radium 2 mg Protactinium-V-oxid (Pa_2O_5), und sieben Jahre später gelang ihm die erstmalige Darstellung elementaren Protactiniums aus 0,1 mg Pa_2O_5, wobei zwei Verfahren angewandt wurden. Einerseits bestrahlte er Pa_2O_5 im Vakuum mit Elektronen einer Energie von 35 KeV, zum anderen setzte er das Oxid in die jeweiligen Protactiniumhalogenide (Chlorid, Bromid oder Jodid) um und reduzierte diese dann im Vakuum an einem elektrisch beheizten Draht (a) von Grosse 1934, b) von Grosse 1935).

Zwischen 1959 und 1961 erzeugte die United Kingdom Atomic Energy Authority (UKAEA) 125 g des Elements einer Reinheit von 99,9 % aus 60 t abgebrannter Kernbrennstäbe in einem vielstufigen Prozess. Für lange Zeit stellte dies die einzige weltweit verfügbare Quelle für Protactinium dar, die diverse Forschungslabors mit Material für wissenschaftliche Untersuchungen versorgte (Emsley 2001).

Eigenschaften Protactinium ist silbrig metallisch und wird supraleitend unterhalb von 1,4 K (Fowler et al. 1965). Es kommt hauptsächlich in zwei Oxidationsstufen vor, +4 und +5, sowohl in Festkörpern als auch in Lösung.

Verbindungen Protactinium-IV-oxid (PaO_2) ist ein schwarzes, kristallines, das schon oben erwähnte Pentoxid Pa_2O_5 ein weißes, kristallines Pulver, beide mit kubischem Kristallsystem.

Protactinium-V-chlorid ($PaCl_5$) bildet gelbe monokline Kristalle.

Anwendungen Wegen seiner Seltenheit, hohen Radioaktivität und Giftigkeit findet Protactinium außer in der Forschung keine praktische Anwendung.

Das Protactiniumisotop $^{231}_{91}Pa$, das beim α-Zerfall von $^{235}_{92}U$ entsteht und sich in Kernreaktoren auch durch β⁻-Zerfall von $^{231}_{90}Th$ bildet, kann Auslöser einer nukleare Kettenreaktion sein, die prinzipiell auch zum Bau von Atomwaffen genutzt werden könnte. Die kritische Masse beträgt nach Angabe von Seifritz 750 ± 180 kg (Seifritz 1984). Andere Autoren kommen zum Schluss, dass eine Kettenreaktion in $^{231}_{91}Pa$ selbst bei beliebig großer Masse nicht möglich ist (Ganesan et al. 1999).

Das Protactiniumisotop $^{233}_{91}$Pa ist ein Zwischenprodukt im Brutprozess von $^{232}_{90}$Th zu $^{233}_{92}$U in Thorium-Hochtemperaturreaktoren.

Seitdem hochempfindliche Massenspektrometer verfügbar sind, ist eine Anwendung des $^{231}_{91}$Pa beispielsweise als Tracer in der Paläozeanographie möglich geworden (McManus et al. 2004).

5.7 Uran

Symbol	U
Ordnungszahl	92
CAS-Nr.	7440-61-1

Aussehen	Silbrig-weiß	Uran (Y12-National Security Complex Plant)
Farbe von U^{x+} aq.	Siehe „Verbindungen"	
Entdecker, Jahr	Klaproth (Preußen), 1789 Péligot (Frankreich), 1841	
Wichtige Isotope [natürliches Vorkommen (%)]	Halbwertszeit (a)	Zerfallsart, -produkt
$^{234}_{92}$U (0,0055)	$2,46 \cdot 10^5$	$\alpha > {}^{230}_{90}$Th
$^{235}_{92}$U (0,72)	$7,04 \cdot 10^8$	$\alpha > {}^{231}_{90}$Th
$^{238}_{92}$U (99,27)	$4,47 \cdot 10^9$	$\alpha > {}^{234}_{90}$Th
Vorkommen (geographisch, welches Erz)	USA, Kanada, Skandinavien, GUS-St., Südafrika, Deutschland, Tschechien	Pechblende, Carnotit
Massenanteil in der Erdhülle (ppm)	3,2	
Preis (US$), 99%	1 lb. (453 g)	40 (2015-01-09)
Atommasse (u)	238,039	
Elektronegativität (Pauling)	1,38	
Normalpotential (V; $U^{3+} + 3 e^- \rightarrow U$)	−1,66	
Atomradius (berechnet, pm)	139 (–)	
Kovalenter Radius (pm)	142	
Ionenradius (pm)	80 („U^{6+}")	
Elektronenkonfiguration	[Rn] $7s^2\ 6d^1\ 4f^3$	
Ionisierungsenergie (kJ/mol), erste ♦ zweite ♦ dritte	598 ♦ 1420 ♦ 2130	
Magnetische Volumensuszeptibilität	$4,1 \cdot 10^{-4}$	
Magnetismus	Paramagnetisch	

Curie-Punkt ♦ Néel-Punkt (K)	− ♦ 19
Einfangquerschnitt Neutronen (barns)	586 ($^{235}_{92}$U)
Elektrische Leitfähigkeit ([A/(V · m)], bei 300 K)	3,24 · 10^6
Elastizitäts- ♦ Kompressions- ♦ Schermodul (GPa)	208 ♦ 100 ♦ 111
Vickers-Härte ♦ Brinell-Härte (MPa)	Keine Angabe
Kristallsystem	Orthorhombisch
Schallgeschwindigkeit (m/s, bei 293 K)	3155
Dichte (g/cm^3, bei 298 K)	19,16
Molares Volumen (m^3/mol, bei 293 K)	12,49 10^{-6}
Wärmeleitfähigkeit ([W/(m · K)])	27,6
Spezifische Wärme ([J/(mol · K)])	27,67
Schmelzpunkt (°C ♦ K)	1133 ♦ 1406
Schmelzwärme (kJ/mol)	9,14
Siedepunkt (°C ♦ K)	3930 ♦ 4203
Verdampfungswärme (kJ/mol)	417

Gewinnung Uranerze, z. B. Pechblende, U_3O_8) oder Carnotit ($KUO_2VO_4 · 1,5 H_2O$), werden sauer mit Schwefelsäure oder auch alkalisch mit Soda aufgeschlossen.

Die nach saurem Aufschluss entstandenen Lösungen werden mit Ammoniak behandelt, worauf der sog. Yellow Cake ausfällt. Dieser enthält hauptsächlich Ammoniumdiuranat (($NH_4)_2U_2O_7$). Die Lösung des alkalischen Aufschlusses wird mit Natronlauge versetzt, so dass Natriumdiuranat ($Na_2U_2O_7$) ausfällt. Zur Entfernung des Natriums löst man jenes in Schwefelsäure; Zugabe wässriger NH_3-Lösung fällt dann ($NH_4)_2U_2O_7$ aus.

Der „Yellow Cake" wird in Salpetersäure (HNO_3) gelöst, wobei unlösliche Anteile ausfallen und entfernt werden. Aus der Lösung kann dann noch unreines Uranylnitrat [$UO_2(NO_3)_2$] auskristallisiert werden. Dessen wässrige Lösung extrahiert man danach mit Tributylphosphat (TBP), worauf man nach Eindampfen und Waschen reines Uranylnitrat erhält.

Vorsichtige thermische Zersetzung des Uranylnitrats ergibt Uran-VI-oxid (UO_3), je nach Temperatur und Sauerstoffdruck (Federation of American Scientists: Uranium Production; Willis). Zur Verringerung seines Transportgewichts wird der „Yellow Cake" thermisch zersetzt, worauf schwarzes U_3O_8 entsteht. Uran-VI-oxid wird mit Wasserstoff zu Urandioxid (UO_2) reduziert (Holleman und Wiberg 2007b).

Reaktion von Urandioxid mit wasserfreiem Fluorwasserstoff liefert Urantetrafluorid, aus dem schließlich durch Reduktion mittels Calcium oder Magnesium reines Uran gewonnen wird.

Uran kann generell durch Umsetzung seiner Halogenide mit Alkali- oder Erdalkalimetallen hergestellt werden, ebenso auch durch Schmelzflusselektrolyse von KUF_5 oder UF_4 in einer Mischung aus geschmolzenem Calcium- und Natriumchlorid. Sehr reines Uran kann man mittels thermischer Zersetzung von Uranhalogeniden an einem Glühdraht (Van Arkel-De Boer-Verfahren) erzeugen (Hammond 2000) Aus Urandioxid ist es u. a. durch Reduktion mit Calcium erhältlich (Jander 1924).

Eigenschaften Uran ist ein relativ weiches, silberweißes Metall, das in drei Modifikationen vorkommt: orthorhombisches α-Uran bei <688 °C, tetragonal kristallisierendes β-Uran (zwischen 688 und 776 °C sowie γ-Uran oberhalb von 776 °C (kubische Struktur).

Uran ist in fein verteiltem Zustand selbstentzündlich. Die meisten Säuren lösen metallisches Uran auf, während es von Basen nicht angegriffen wird. An der Luft überzieht sich das Metall mit einer Oxidschicht.

Verbindungen Uran tritt in seinen Verbindungen in den Oxidationsstufen +2 bis +6 auf, in den natürlich vorkommenden Uranerzen meist aber nur mit den Oxidationszahlen +4 oder +6.

Kürzlich gelang es erstmals, eine Uran-II- durch Reduktion einer Uran-III-Verbindung unter Verwendung in situ erzeugter Alkalide herzustellen (MacDonald et al. 2013).

Als erste Uran-III-Verbindung stellte Péligot 1842 UCl_3 her. U^{3+}-Ionen wirken stark reduzierend, sind aber in sauerstofffreien organischen Lösungsmitteln ziemlich stabil und unter Luftausschluss haltbar. Die Synthese erfolgt meist ausgehend von metallischem Uran. An Halogeniden sind purpurfarbenes Uran-III-fluorid (UF_3), rotes Uran-III-chlorid (UCl_3) und -bromid (UBr_3) sowie das schwarze Uran-III-iodid (UI_3) beschrieben.

An Uran-IV-Verbindungen sind das Oxid (UO_2) und die Tetrahalogenide [UF_4 (grün), UCl_4 (grün), UBr_4 (braun) und UI_4 (schwarz)] wichtig. Letztere zeigen Schmelzpunkte von über 500 °C. Urandioxid (UO_2) ist ein schwarzes, kristallines Pulver, das man bis Mitte des 20. Jahrhunderts als Keramikglasur verwendete. Heute dient es vor allem als nuklearer Brennstoff in Brennstäben.

Seit 2003 kennt man Uranyl-V-Ionen (UO_2^-) enthaltende Festkörper; bis heute wurde die Zahl der Verbindungen mit Uran in der Oxidationsstufe +5 stark erweitert (Arnold et al. 2009). Alle Halogenide wurden synthetisiert: Uran-V-fluorid (UF_5, farblos), Uran-V-chlorid (UCl_5, braun) und die schwarzen Uran-V-bromid UBr_5 und -iodid (UI_3).

In der Natur kommt sechswertiges Uran nur in Form von Uranylverbindungen vor, die die UO_2^{2+}-Gruppe enthalten, im Allgemeinen als Phosphat, Sulfat und Carbonat. Uranylacetat und Uranylnitrat sind lösliche und im Labor oft benutzte

Uransalze. Uran in der Oxidationsstufe $+6$ enthaltende Oxide sind Urantrioxid (UO_3) und Triuranoctoxid (U_3O_8, Pechblende). An Halogeniden existieren das farblose Uran-VI-fluorid (UF_6) und das grüne Uran-VI-chlorid (UCl_6).

Der früher gelbe „Yellowcake", bei der Herstellung von Uran anfallendes, konzentriertes Uranoxid, ist durch die heutzutage angewandten höheren Brenntemperaturen oft dunkelgrün bis schwarz gefärbt. Yellowcake besteht in der Regel aus 70–90 Gew.-% Uranoxid (U_3O_8).

Anwendungen Diese liegen fast ausschließlich in der Verwendung als Kernbrennstoff.

Das Isotop $^{238}_{92}U$ hat eine Halbwertszeit von 4,468 Mrd. Jahren und ist wie die anderen natürlich vorkommenden Isotope $^{234}_{92}U$ und $^{235}_{92}U$ ein α-Strahler. Die spezifische Aktivität von ^{238}U als Ausgangsprodukt der Uran-Radium-Zerfallsreihe beträgt 12.450 Bq/g.

Das spaltbare und damit als Kernbrennstoff einsetzbare Isotop $^{235}_{92}U$ hat eine Halbwertszeit von 703,8 Mio. Jahren und ist Ausgangspunkt der natürlichen Uran-Actinium-Zerfallsreihe, kommt aber nur mit einem Anteil von 0,7 Gew.-% in natürlichem Uran vor. Ziel ist es daher, durch spezielle Anreicherungsverfahren den relativen Mengenanteil von $^{235}_{92}U$ zu erhöhen.

Schwach angereichertes Uran, in der Fachsprache als „LEU" (lightly enriched uranium) bezeichnet, wird in Kernkraftwerken eingesetzt, wogegen hochangereichertes Uran, „HEU" (highly enriched uranium) für Forschungszwecke, in der Medizin (World Nuclear Association) und zur Herstellung von Kernwaffen verwendet wird. Die Grenze zwischen LEU und HEU wird gewöhnlich bei einem Anreicherungsgrad des $^{235}_{92}U$ von 20 % festgesetzt. Die zurückbleibende Fraktion nennt man entsprechend abgereichert.

Die kritische Masse, oberhalb derer es zu spontaner Kernspaltung kommt, beträgt für $^{235}_{92}U$ etwa 49 kg. Diese lässt sich mit einem 20 cm dicken Wasserreflektor auf 22 kg, mit Hilfe eines 30 cm-Stahlreflektors sogar auf 16,8 kg absenken (Institut de Radioprotection et de Sûreté Nucléaire).

Das Uranisotop $^{235}_{92}U$ wird in Kernkraftwerken zur Energiegewinnung genutzt, wogegen das Isotop $^{238}_{92}U$ in Brutreaktoren zur Herstellung von Plutonium eingesetzt wird. Bei der Spaltung eines Atoms $^{235}_{92}U$ wird im Mittel eine Energie von 210 MeV frei, von denen ca. 90 % in einem Reaktor thermisch verwertbar sind. Die Spaltung von 1 g $^{235}_{92}U$ erzeugt somit rund 0,95 MWd (Megawatt-Tage) thermische Energie.

Das entspricht einem theoretisch nutzbaren Energiegehalt von 78 TJ (Terajoule) pro kg $^{235}_{92}U$. Die aus 1 kg Natur-Uran tatsächlich erzeugte Strommenge ist vom verwendeten Reaktortyp und dem Brennstoffkreislauf abhängig und bewegt sich zwischen 36 und 56 MWh, falls die abgebrannten Brennelemente direkt endgelagert werden, also ohne Wiederaufarbeitung und ohne Brüten (OECD Nuclear Energy Agency und Internationale Atomenergieorganisation 2008).

Kernreaktoren setzt man seit langem zum Antrieb großer Kriegsschiffe ein. Jeder der zehn Flugzeugträger der Nimitz-Klasse der US-Navy besitzt 2 Reaktoren mit je 140 MW Leistung. $^{235}_{92}$U ist neben Plutonium das wichtigste Ausgangsmaterial für den Bau von Kernwaffen und Zündsätzen für Wasserstoffbomben.

5.8   Neptunium

Symbol	Np	
Ordnungszahl	93	
CAS-Nr.	7439-99-8	

Aussehen	Silbrig-metallisch	Neptunium, Kugel
Farbe von Np^{x+} aq.	Siehe „Verbindungen"	(Los Alamos National Laboratories)
Entdecker, Jahr	McMillan, Abelson (USA, 1940, $^{239}_{93}$Np), Wahl, Seaborg, USA, 1942, $^{237}_{93}$Np)	
Wichtige Isotope [natürliches Vorkommen (%)]	Halbwertszeit	Zerfallsart, -produkt
$^{235}_{93}$Np (synthetisch)	398 d (ε)	$\varepsilon > {}^{235}_{92}$U ◆ $\alpha > {}^{231}_{91}$Pa
$^{236}_{93}$Np (synthetisch)	$1{,}54 \cdot 10^5$ a (ε)	$\varepsilon > {}^{236}_{92}$U ◆ $\beta^- > {}^{236}_{94}$Pu
$^{237}_{93}$Np (synthetisch)	$2{,}14 \cdot 10^6$ a	$\alpha > {}^{233}_{91}$Pa
$^{239}_{93}$Np (synthetisch)	2,36 d	$\beta^- > {}^{239}_{94}$Pu
Vorkommen (geographisch, welches Mineral)		Pechblende (U_3O_8)
Massenanteil in der Erdhülle (ppm)		$4 \cdot 10^{-14}$
Preis (US$), 99%, O.R.N.L.	1 g ($^{237}_{93}$Np)	660 (2015-01-09)
Atommasse (u)		237,048
Elektronegativität (Pauling)		1,36
Normalpotential (V; $Np^{3+} + 3\ e^- \rightarrow Np$)		− 1,79
Atomradius (berechnet, pm)		130 (–)
Kovalenter Radius (pm)		Keine Angabe
Ionenradius (pm)		71 („Np^{7+}")
Elektronenkonfiguration		[Rn] $7s^2\ 6d^1\ 5f^4$
Ionisierungsenergie (kJ/mol), erste		605
Magnetische Volumensuszeptibilität		Keine Angabe
Magnetismus		Paramagnetisch

Curie-Punkt ◆ Néel-Punkt (K)	Keine Angabe
Einfangquerschnitt Neutronen (barns)	180 ($^{237}_{93}$Np)
Elektrische Leitfähigkeit ([A/(V · m)], bei 300 K)	0,82 · 10^6
Elastizitäts- ◆ Kompressions- ◆ Schermodul (GPa)	Keine Angabe
Vickers-Härte ◆ Brinell-Härte (MPa)	Keine Angabe
Kristallsystem	Orthorhombisch
Schallgeschwindigkeit (m/s, bei 293 K)	Keine Angabe
Dichte (g/cm³, bei 298 K)	20,45
Molares Volumen (m³/mol, bei 293 K)	11,59·10^{-6}
Wärmeleitfähigkeit ([W/(m · K)])	6,3
Spezifische Wärme ([J/(mol · K)])	29,64
Schmelzpunkt (°C ◆ K)	639 ◆ 912
Schmelzwärme (kJ/mol)	39,9
Siedepunkt (°C ◆ K)	3902 ◆ 4175
Verdampfungswärme (kJ/mol)	1420

Gewinnung Neptunium entsteht als Zwangsanfall der Energiegewinnung in Kern-reaktoren. Eine Tonne abgebrannten Kernbrennstoffes enthält ca. 500 g Neptunium (Hoffmann 1979). So entstandenes Neptunium besteht fast nur aus dem Isotop $^{237}_{93}$Np. Dieses entsteht aus dem Uranisotop $^{235}_{92}$U durch zweifachen Neutronen-einfang und anschließenden β⁻-Zerfall:

$$^{235}_{92}U + {}^{1}_{0}n \rightarrow {}^{236}_{92}U \rightarrow (120\ \text{ns})^{236}_{92}U + \gamma$$

$$^{236}_{92}U + {}^{1}_{0}n \rightarrow {}^{237}_{92}U \rightarrow (6,75d)\beta^- + {}^{237}_{93}Np$$

Metallisches Neptunium kann durch Reaktion seiner Halogenide mit Alkali- bzw. Erdalkalimetallen dargestellt werden, z. B. durch Umsetzung von Neptunium-III-fluorid mit Barium oder Lithium bei 1200°:

$$2\ NpF_3 + 3\ Ba \rightarrow 2\ Np + 3\ BaF_2$$

Eigenschaften Neptunium hat silbrig-metallisches Aussehen, ist chemisch reak-tionsfähig und tritt in drei verschiedenen Modifikationen auf:
α-Np (orthorhombisch), bis 280 °C [Dichte 20,25 g/cm³ (20 °C)]
β-Np (tetragonal), zwischen 280 °C und 577 °C [Dichte 19,36 g/cm³ (313 °C)]
γ-Np (kubisch), über 577 °C [Dichte 18,0 g/cm³ (600 °C)]
Neptunium ist neben Rhenium, Osmium, Iridium und Platin das einzige Ele-ment, das bei Raumtemperatur eine höhere Dichte als 20 g/cm³ aufweist.

Zwanzig Isotope und fünf Kernisomere sind bekannt. Am langlebigsten sind die Isotope

$^{237}_{93}$Np: Halbwertszeit 2,144 Mio. a, α-Zerfall zu $^{233}_{91}$Pa. $^{237}_{93}$Np bildet den Anfang der Neptunium-Zerfallsreihe, die beim Isotop $^{205}_{81}$Tl (Thallium) endet.

$^{236}_{93}$Np: Halbwertszeit 154.000 a, zerfällt zu 87,3 % durch Elektroneneinfang zu $^{236}_{92}$U (Uran), zu 12,5 % durch β⁻-Zerfall zu $^{236}_{94}$Pu (Plutonium) und zu 0,16 % durch α-Zerfall zu $^{232}_{91}$Pa (Protactinium). Das Isotop $^{236}_{92}$U wiederum zerfällt mit einer Halbwertszeit von 23,42 Mio. a zu $^{232}_{90}$Th, dem einzig natürlich vorkommenden Isotop des Thoriums, das gleichzeitig Ausgangspunkt der Thorium-Zerfallsreihe ist. $^{236}_{94}$Pu dagegen ist sehr kurzlebig und geht durch α-Zerfall mit einer Halbwertzeit von 2,858 a (Audi et al. 2003) in $^{232}_{92}$U über, das sich wiederum durch α-Zerfall mit einer Halbwertszeit von 68,9 a in $^{228}_{90}$Th umwandelt.

$^{235}_{93}$Np: Halbwertszeit 396,1 d, wandelt sich fast ausschließlich durch Elektroneneinfang um und bildet dann $^{235}_{92}$U.

Die anderen Isotope und Kernisomere sind sehr kurzlebig mit Halbwertszeiten zwischen 45 Nanosekunden ($^{237m1}_{93}$Np) und 4,4 Tagen ($^{234}_{93}$Np).

Verbindungen Neptunium bildet eine große Zahl bekannter Verbindungen, in denen es in den Oxidationsstufen + 3 bis + 7 auftritt und somit, zusammen mit Plutonium, die für Actinoiden höchsten Oxidationsstufen bildet. In wässriger Lösung haben die Neptuniumionen charakteristische Farben, so ist Np^{3+}-Ion purpurviolett, Np^{4+} gelbgrün, NpO$_2^+$ grün („Np^{5+}"), NpO$_2^{2+}$rosarot („Np^{6+}") und NpO$_2^{3+}$tiefgrün („Np^{7+}") (Holleman und Wiberg 2007a).

Als Oxide charakterisiert sind Neptunium-IV-oxid (NpO$_2$), Neptunium-V-oxid (Np$_2$O$_5$) und Neptunium-VI-oxid (NpO$_3 \cdot$ H$_2$O) (Holleman und Wiberg 2007d). Neptunium-IV-oxid ist von diesen das chemisch stabilste und wird in Kernbrennstäben eingesetzt.

An Halogeniden der Oxidationsstufe + 3 sind sämtliche Verbindungen bekannt [NpF$_3$ (violett), NpCl$_3$ (grün), NpBr$_3$ (grün), NpI$_3$ (violett)]. Darüber hinaus gibt es Neptuniumhalogenide mit höheren Oxidationsstufen des Neptuniums (Holleman und Wiberg 2007e), z. B. grünes NpF$_4$, rotbraunes NpCl$_4$ und dunkelrotes NpBr$_4$, ferner in der Oxidationsstufe + 5 das hellblaue NpF$_5$.

Neptuniumhexafluorid (NpF$_6$) ist am wichtigsten. Es ist ein orangefarbener Feststoff sehr hoher Flüchtigkeit, der schon bei 56 °C sublimiert. In dieser Eigenschaft ähnelt es sehr dem Uranhexafluorid ($^{235}_{92}$UF$_6$ und $^{238}_{92}$UF$_6$) und Plutoniumhexafluorid, daher kann es analog in der Anreicherung und schließlichen Trennung der Isotope verwendet werden, da sich Sublimations- bzw. Siedepunkte der Hexafluoride der jeweiligen Neptuniumisotope geringfügig voneinander unterscheiden.

Anwendungen Das in Kernreaktoren aus $^{235}_{92}U$ erbrütete $^{237}_{93}Np$ kann zur Gewinnung von $^{238}_{94}Pu$ zur Verwendung in Radionuklidbatterien genutzt werden. Hierzu trennt man es (zusammen mit unwesentlichen Mengen anderer Neptuniumisotope) vom abgebrannten Reaktorbrennstoff („spent fuel") ab. Dann füllt man es in Brennstäbe, die ausschließlich Neptunium enthalten, die dann, wieder im Kernreaktor eingesetzt, erneut mit Neutronen bestrahlt werden. So wird aus $^{237}_{93}Np$ $^{238}_{94}Pu$ erbrütet (Lange und Carroll 2008).

5.9 Plutonium

Symbol	Pu	
Ordnungszahl	94	
CAS-Nr.	7440-07-5	

Aussehen	Silbrig	Plutonium, Scheibe, auf
Farbe von Pu^{x+} aq.	Siehe „Verbindungen"	Calciumchloridblock (ARQ Contributors 2008)
Entdecker, Jahr	Seaborg, Kennedy, McMillan, Wahl (USA), 1940	
Wichtige Isotope [natürliches Vorkommen (%)]	Halbwertszeit (a)	Zerfallsart, -produkt
$^{238}_{94}Pu$ (synthetisch)	87,7	$\alpha > {}^{234}_{92}U$
$^{239}_{94}Pu$ (synthetisch)	24.110	$\alpha > {}^{235}_{92}U$
$^{240}_{94}Pu$ (synthetisch)	6.564	$\alpha > {}^{236}_{92}U$
$^{241}_{94}Pu$ (synthetisch)	375.000	$\beta^- > {}^{241}_{95}Am$
Vorkommen (geographisch, welches Erz)		Pechblende (U_3O_8)
Massenanteil in der Erdhülle (ppm)		$2 \cdot 10^{-16}$
Preis (US$), 99 %	1 g (Isotopengemisch)	4000 (2008)
	1 g ($^{239}_{94}Pu$)	5240 (2008)
Atommasse (u)		244,064
Elektronegativität (Pauling)		1,28
Normalpotential (V; $Pu^{3+} + 3\,e^- \rightarrow Pu$)		$-2,03$
Atomradius (berechnet, pm)		151 (–)
Kovalenter Radius (pm)		187
Ionenradius (pm)		108 (Pu^{3+})
Elektronenkonfiguration		[Rn] $7s^2\,5f^6$
Ionisierungsenergie (kJ/mol), erste		585
Magnetische Volumensuszeptibilität		$6,2 \cdot 10^{-4}$

Magnetismus	Paramagnetisch
Curie-Punkt ♦ Néel-Punkt (K)	Keine Angabe
Einfangquerschnitt Neutronen (barns)	1,7 ($^{244}_{94}$Pu)
Elektrische Leitfähigkeit ([A/(V · m)], bei 300 K)	6,8 · 10^5
Elastizitäts- ♦ Kompressions- ♦ Schermodul (GPa)	96 ♦ – ♦ 43
Vickers-Härte ♦ Brinell-Härte (MPa)	Keine Angabe
Kristallsystem	Monoklin
Schallgeschwindigkeit (m/s, bei 293 K)	2260
Dichte (g/cm^3, bei 298 K)	19,82
Molares Volumen (m^3/mol, bei 293 K)	12,29 · 10^{-6}
Wärmeleitfähigkeit ([W/(m · K)])	6,74
Spezifische Wärme ([J/(mol · K)])	35,5
Schmelzpunkt (°C ♦ K)	639 ♦ 912
Schmelzwärme (kJ/mol)	2,82
Siedepunkt (°C ♦ K)	3230 ♦ 3509
Verdampfungswärme (kJ/mol)	335

Gewinnung Plutonium ist das letzte, allerdings extrem seltene, bisher bekannte natürlich vorkommende Element des Periodensystems. Mit einem Gehalt von 2 · 10^{-16} ppm (Binder 1999d; Holleman et al. 2007e) ist es wohl das seltenste in der Erdkruste vorkommende Element. In natürlich vorkommendem Uran entsteht es in äußerst geringen Mengen durch Neutroneneinfang. Peppard extrahierte im 1951 wenige µg $^{239}_{94}$Pu aus kongolesischem Pechblendekonzentrat. Zur Erzeugung eines µg $^{239}_{94}$Pu mussten 100 t Pechblende verarbeitet werden (Peppard et al. 1951).

Erst 1971 entdeckte man im Mineral Bastnäsit mit Hilfe der empfindlichsten damals verwendeten Analysemethoden das langlebigste Plutoniumisotop ^{244}Pu (Hoffman et al. 1971).

Zwischen 1945 und 1980 durchgeführte oberirdische Kernwaffentests setzten Plutonium in Mengen von 3 bis 5 t frei, die über die ganze Erdkugel verstreut wurden und immer noch in Spuren nachweisbar sind. Weitere Mengen entstanden bei Unfällen mit Kernwaffen oder in Kernreaktoren, z. B. beim Wiedereintritt von Satelliten mit Radionuklidbatterien in die Erdatmosphäre (Transit 5BN-3, Kosmos 954 und Apollo 13), 1957 beim Brand des Reaktors der Plutoniumfabrik von Sellafield (England), 2012 bei der Reaktorexplosion in Fukushima (Japan) und 1986 bei der Reaktorkatastrophe von Tschernobyl (Ukraine).

Plutonium entsteht stets in den mit $^{238}_{92}$U-reichem Isotopengemisch betriebenen Kernkraftwerken. $^{238}_{92}$U fängt ein Neutron ein und wird durch zwei folgende β$^-$-Zerfälle in $^{239}_{94}$Pu umgewandelt.

$$^{238}_{92}\text{U} + ^{1}_{0}\text{n} \rightarrow \, ^{239}_{92}\text{U} \rightarrow (23,5 \text{ min})\beta^- + ^{239}_{93}\text{Np} \rightarrow (2,3565 \text{ d})\beta^- + ^{239}_{94}\text{Pu}$$

Die angegebenen Zeiten sind Halbwertszeiten. $^{239}_{94}\text{Pu}$ hat eine Halbwertszeit von 24.110 a (Audi et al. 2003) und zerfällt fast nur unter Aussendung von α-Strahlung zu $^{235}_{92}\text{U}$. Der weitere Zerfall folgt der natürlichen Uran-Actinium-Reihe, die bei $^{235}_{92}\text{U}$ beginnt.

Der Einfang eines weiteren Neutrons führt meist zur Kernspaltung, zum Teil aber auch zur Bildung des Isotops $^{240}_{94}\text{Pu}$, das aber schlecht spaltbar ist. $^{240}_{94}\text{Pu}$ erleidet mit einer Halbwertszeit von 6564 a (Audi et al. 2003) α-Zerfall zu $^{236}_{92}\text{U}$.

Absorption eines weiteren Neutrons ergibt das gut spaltbare $^{241}_{94}\text{Pu}$, das sich mit kurzer Halbwertszeit von 14,35 a (Audi et al. 2003) praktisch ausschließlich per β-Zerfall in $^{241}_{95}\text{Am}$ umwandelt.

Weitere Einfangsreaktionen von Neutronen sind bis herauf zu $^{243}_{94}\text{Pu}$ möglich, das wegen seiner sehr kurzen Halbwertszeit kaum noch in der Lage ist, weitere Neutronen zu absorbieren. Dieser Prozess ist daher bei $^{243}_{94}\text{Pu}$ beendet; $^{243}_{94}\text{Pu}$ erleidet dann β⁻-Zerfall zu $^{243}_{95}\text{Am}$.

Das leichtere Isotop $^{238}_{94}\text{Pu}$ kann man gezielt durch Einfang mehrerer Neutronen aus dem Uran-Isotop $^{235}_{92}\text{U}$ herstellen. Es können in derart behandelten Brennstäben auch schwerere Plutoniumisotope vorkommen, die Ausgangspunkte jeweils getrennter Zerfallsreihen sind.

Wird das obengenannte, im Kernkraftwerk erzeugte $^{239}_{94}\text{Pu}$ durch schnelle Neutronen gespalten, ist die durchschnittliche Zahl neu freigesetzter Neutronen pro gespaltenem Atomkern sehr hoch. Bei einer solchen Fahrweise des Reaktors kann daher theoretisch mehr $^{238}_{92}\text{U}$ in $^{239}_{94}\text{Pu}$ umgewandelt werden, als gleichzeitig durch Spaltung verbraucht wird. Einen solchen Reaktor nennt man einen „schnellen Brüter". Bislang konnte das Funktionieren eines solchen Brutprozesses in der Praxis aber noch nicht im großen Maßstab gezeigt werden.

Das Plutonium befindet sich nach dem Brutprozess zusammen mit anderen Spaltprodukten und nicht umgesetzten Rest-Kernbrennstoff in den abgebrannten Brennelementen. Flüssig-flüssig-Extraktion hilft, das Plutonium aus dieser Mischung zu isolieren. Dazu löst man das Material zunächst in Salpetersäure und extrahiert Plutonium und Uran mittels Tri-n-butyl-phosphat. Die Spaltprodukte und anderen Bestandteile bleiben dabei zurück. Im Jahr werden so ca. 20 t Plutonium, überwiegend in Form des Isotops $^{239}_{94}\text{Pu}$, produziert.

Eigenschaften Plutonium ist bei Normalbedingungen ein silberglänzendes Schwermetall der hohen Dichte von 19,86 g/cm^3 (Holleman et al. 2007a). Alle seine Isotope sind radioaktiv, daher erwärmt sich Plutonium von selbst. 100 g Plutonium ($^{239}_{94}$Pu) erzeugen ca. 0,2 W an Wärmeleistung (Greenwood und Earnshaw 1988). Daher kann Plutonium die Temperatur des absoluten Nullpunkts (0 K) nicht erreichen.

Es ist, verglichen mit anderen Metallen, ein schlechter Leiter für Wärme und elektrischen Strom und kristallisiert in Abhängigkeit von der Temperatur in insgesamt sechs allotropen Modifikationen jeweils deutlich voneinander verschiedener Dichte. Die bei Raumtemperatur stabile Modifikation (α-Pu) kristallisiert monoklin.

Plutonium zeigt das seltene Phänomen der Dichteanomalie, die Dichte nimmt bei der Phasenumwandlung zur δ'- und ε-Modifikation wieder zu. Auch beim Schmelzen wird, wie bei Wasser, die Dichte größer (Los Alamos Science 2000). Flüssiges Plutonium besitzt die höchste Viskosität aller Elemente im flüssigen Zustand. Plutonium weist ferner eine hohe magnetische Suszeptibilität auf, ist aber trotzdem nur para- und nicht ferromagnetisch (Los Alamos Science 2000).

Plutonium ist ein unedles und sehr reaktives Metall. An der Luft reagiert es schnell mit Luftfeuchtigkeit und Sauerstoff. Das Metall läuft zuerst matt an und überzieht sich mit einer blauschwarzen Oxidhaut. Längeres Stehen an der Luft führt zur Bildung einer dicken, graugrünen, pulverig abreibenden Oxidschicht (Brauer 1978). Das Metall reagiert beim Erhitzen mit den meisten Nichtmetallen und Wasser, wogegen es bei Raumtemperatur von Wasser und Laugen nicht angegriffen wird.

In konzentrierter Salpetersäure ist es infolge der Bildung einer schützenden Passivschicht nicht löslich (Greenwood und Earnshaw 1988). Die weiteren chemischen Eigenschaften des Plutoniums ähneln denen anderer Actinoide; ähnlich wie bei diesen bestimmt bei Plutonium die starke Radioaktivität die chemischen Eigenschaften mit, da durch die entstehende Wärme Bindungen aufgebrochen werden können. Auch die freiwerdende Strahlung kann zum Aufbrechen chemischer Bindungen führen.

Verbindungen Das wichtigste Oxid ist Plutoniumdioxid (PuO$_2$), ein hochschmelzender Feststoff, der gegenüber Wasser stabil und nicht in diesem löslich ist. Plutonium wird daher in Radionuklidbatterien und Kernkraftwerken in Form dieses Oxids verwendet. Neben Plutoniumdioxid sind auch Plutonium-III-oxid (Pu$_2$O$_3$) und Plutonium-II-oxid PuO bekannt (Holleman et al. 2007b).

Mit den Halogenen Fluor, Chlor, Brom und Iod bildet Plutonium zahlreiche Verbindungen. Neben dem rotbraunen Plutonium-VI-fluorid (PuF$_6$) existieren die ebenfalls rotbraunenPlutonium-IV-fluorid (PuF_4) und -IV-chlorid ($PuCl_4$). In der Oxidationsstufe $+3$ findet sich Plutonium im violetten Plutonium-III-fluorid (PuF_3) und in den jeweils grünen Plutonium-III-chlorid ($PuCl_3$), Plutonium-III-bromid ($PuBr_3$) und Plutonium-III-iodid (PuI_3).

Anwendungen Plutonium ist wie andere Schwermetalle giftig und schädigt besonders die Nieren. Es bindet ebenfalls an Proteine im Blutplasma und lagert sich oft in den Knochen und der Leber ab. Die für einen Menschen tödliche Dosis dürfte im zweistelligen Milligrammbereich liegen, für Hunde beträgt die LD50-Dosis 0,32 mg/kg Körpergewicht (Los Alamos Science 2000).

Viel gefährlicher ist aber seine Radioaktivität, die Krebs verursachen kann. Bereits die Inhalation von 40 ng $^{239}_{94}$Pu genügt, um den Jahresgrenzwert für Inhalation zu erreichen. Diese Menge ist so winzig, dass die Giftigkeit von Plutonium noch gar nicht zum Tragen kommen kann. Außerhalb des Körpers wird die von $^{239}_{94}$Pu ausgesendete α-Strahlung schon durch die oberste Hautschicht aus abgestorbenen Zellen abgeschirmt. Diesen Schutz gibt es nicht bei Inkorporation, beispielsweise Inhalation, da die α-Strahlung unmittelbar die Zellkerne lebender Zellen trifft.

Kleine Dosen an $^{239}_{94}$Pu führen im Langzeitversuch erst nach frühestens zehn Jahren bei Hunden zu Knochenkrebs. Grund dafür ist möglicherweise eine ungleichmäßige Verteilung des Plutoniums im Skelett sein, die zu punktuell stark bestrahlten Stellen führt (Frisch 1977).

Das in Kernreaktoren immer miterzeugte $^{241}_{94}$Pu zerfällt sehr schnell zu $^{241}_{95}$Am, das große Mengen relativ weicher γ-Strahlung abgibt. In gelagertem Plutonium erreicht die Konzentration von $^{241}_{95}$Am nach ca. 70 Jahren ihren höchsten Stand und stellt ein besonderes Gefahrenpotenzial dar.

5.10 Americium

Symbol	Am		
Ordnungszahl	95		
CAS-Nr.	7440-35-9		
Aussehen	Silbrig-weiß	$^{241}_{95}$Am unter dem Mikroskop (Bionerd)	
Farbe von Am^{x+} aq.	Siehe „Verbindungen"		
Entdecker, Jahr	Seaborg, Ghiorso, James, Morgan (USA, 1944)		

Wichtige Isotope [natürliches Vorkommen (%)]	Halbwertszeit	Zerfallsart, -produkt
$^{240}_{95}$Am (synthetisch)	50,8 h	$\varepsilon > ^{240}_{94}$Pu
$^{241}_{95}$Am (synthetisch)	432,2 a	$\alpha > ^{237}_{93}$Np
$^{242\,m1}_{95}$Am (synthetisch)	141 a	$IT > ^{242}_{95}$Am
$^{243}_{95}$Am (synthetisch)	7370 a	$\alpha > ^{239}_{93}$Np
Preis (US$) (World Nuclear Association 2014; Florida Spectrum Environmental Services, Inc. 2008)	1 g AmO_2 ($^{241}_{95}$Am)	1500
	1 mg AmO_2 ($^{243}_{95}$Am)	160
Atommasse (u)		243,061
Elektronegativität (Pauling)		1,3
Normalpotential (V; $Am^{3+} + 3\,e^- \rightarrow Am$)		$-2,08$
Atomradius (berechnet, pm)		184 (−)
Kovalenter Radius (pm)		229
Ionenradius (pm)		92 (Am^{4+})
Elektronenkonfiguration		[Rn] $7s^2\,5f^7$
Ionisierungsenergie (kJ/mol), erste		547
Magnetische Volumensuszeptibilität		$7 \cdot 10^{-4}$
Magnetismus		Paramagnetisch
Curie-Punkt ◆ Néel-Punkt (K)		Keine Angabe
Einfangquerschnitt Neutronen (barns)		74 ($^{243}_{95}$Am)
Elektrische Leitfähigkeit ([A/(V · m)], bei 300 K)		147,1
Elastizitäts- ◆ Kompressions- ◆ Schermodul (GPa)		Keine Angabe
Vickers-Härte ◆ Brinell-Härte (MPa)		Keine Angabe
Kristallsystem		Hexagonal
Schallgeschwindigkeit (m/s, bei 293 K)		Keine Angabe
Dichte (g/cm³, bei 298 K)		13,67
Molares Volumen (m³/mol, bei 293 K)		$17,78 \cdot 10^{-6}$
Wärmeleitfähigkeit ([W/(m · K)])		10
Spezifische Wärme ([J/(mol · K)])		62,7
Schmelzpunkt (°C ◆ K)		1176 ◆ 1449
Schmelzwärme (kJ/mol)		14,4
Siedepunkt (°C ◆ K)		2607 ◆ 2880
Verdampfungswärme (kJ/mol)		239

Gewinnung Americium fällt in kleinen Mengen in Kernreaktoren an und ist heute in Kilogrammmengen verfügbar. Es muss aus abgebrannten Brennstäben isoliert werden und ist daher sehr teuer. Americium-IV-oxid (mit dem Isotop $^{241}_{95}$Am) kostet nach wie vor ca. US$ 1500 pro g (World Nuclear Association 2014). Das Isotop $^{243}_{95}$Am entsteht in geringeren Mengen als $^{241}_{95}$Am im Reaktor und ist daher noch erheblich teurer (US$ 160 pro mg) (Florida Spectrum Environmental Services, Inc. 2008).

Americium fällt auf dem Weg über das Plutoniumisotop $^{239}_{94}$Pu in Kernreaktoren zwangsweise an. Aus letzterem wird, falls es nicht zur Kernspaltung kommt, durch stufenweisen Neutroneneinfang (n,γ) und folgendem β-Zerfall unter anderem $^{241}_{95}$Am oder $^{243}_{95}$Am erbrütet.

Das aus abgebrannten Brennstäben von Leistungsreaktoren gewonnene Plutonium besteht zu etwa 12 % aus dem Isotop $^{241}_{94}$Pu. Erst 70 Jahre nach Ende des Brutprozesses erreichen die abgebrannten Brennstäbe ihren Höchstgehalt von $^{241}_{95}$Am; danach nimmt dessen Anteil wieder ab, jedoch langsamer als der Anstieg des Massenanteils erfolgte (BREDL (Blue Ridge Environmental Defense League)).

Aus dem so entstandenen $^{241}_{95}$Am kann durch weiteren Neutroneneinfang im Reaktor $^{242}_{95}$Am gebildet werden, das in Form zweier Kernisomere auftritt.

Zur Herstellung des Isotops $^{243}_{95}$Am ist ein vierfacher Neutroneneinfang des $^{239}_{94}$Pu erforderlich

$$^{239}_{94}Pu + 4^{1}_{0}n \rightarrow\ ^{243}_{94}Pu \rightarrow (4,956\ h)\ \beta^{-} +\ ^{243}_{95}Am$$

Metallisches Americium kann z. B. durch Reaktion von Americium-III-fluorid in wasser- und sauerstofffreier Umgebung in Reaktionsapparaturen aus Tantal und Wolfram mit elementarem Barium erhalten werden (Westrum und LeRoy 1951; Gmelins Handbuch der anorganischen Chemie). Auch die Reduktion von Americium-IV-oxid mittels Lanthan oder Thorium ergibt metallisches Americium (Wade und Wolf 1967)

$$AmO_2 + 4\ La \rightarrow 3\ Am + 2\ La_2O_3$$

Eigenschaften Americium ist ein künstlich erzeugtes, radioaktives, in frisch hergestelltem Zustand silberweißes Metall, das bei Raumtemperatur an der Luft langsam matt wird. Es ist leicht verformbar. Sein Schmelzpunkt beträgt 1176 °C (Wade und Wolf 1967), der Siedepunkt 2607 °C. Die Dichte liegt bei 13,67 g/cm^3 (Wade und Wolf 1967; McWhan et al. 1962). Es tritt in zwei Modifikationen auf.

Die unter Standardbedingungen stabile Modifikation α-Am kristallisiert im hexagonalen Kristallsystem (doppelt-hexagonal dichteste Kugelpackung mit der Schichtfolge ABAC). Diese Sruktur ist somit isotyp zu der von α-La (McWhan et al. 1962; Gmelins Handbuch der anorganischen Chemie).

Bei hohem Druck geht α-Am in β-Am über. Die β-Modifikation kristallisiert im kubischen Kristallsystem (kubisch dichteste Kugelpackung mit der Stapelfolge ABC (McWhan et al. 1962; Gmelins Handbuch der anorganischen Chemie).

Die Lösungsenthalpie von Americium in Salzsäure bei Standardbedingungen beträgt −620,6±1,3 kJ/mol. Ausgehend davon wurde die Standardbildungsenthalpie (ΔfH0) von Am^{3+}(aq.) auf $-621{,}2 \pm 2{,}0$ kJ/mol und das Standardpotential Am^{3+}/Am auf $-2{,}08 \pm 0{,}01$ V berechnet (Mondal et al. 1987).

Americium ist sehr reaktionsfähig, das bereits bei Raumtemperatur mit Luftsauerstoff reagiert und sich gut in Säuren löst. Gegenüber Alkalien ist es stabil.

Verbindungen Die stabilste Oxidationsstufe für Americium ist $+3$, die in wässriger Lösung gelbrosa erscheinenden Am-III-Verbindungen sind gegenüber Oxidation und Reduktion sehr beständig. Erst mit Americium liegt der erste Vertreter der Actinoide vor, der in seinem Verhalten eher den homologen Lanthanoiden ähnelt als den Metallen der d-Blocks. Jedoch existieren auch die Oxidationsstufen $+2$ sowie $+4$ bis $+7$. Je nach Oxidationszahl variiert die Farbe von Americium in wässriger Lösung ebenso wie in festen Verbindungen.

Im Gegensatz zum homologen Europium kann das Kation Am^{3+} in wässriger Lösung nicht zu Am^{2+} reduziert werden.

Verbindungen mit Americium ab Oxidationszahl $+4$ und höher wirken stark oxidierend, vergleichbar dem Permanganat-Ion (MnO_4^-) in saurer Lösung (Holleman und Wiberg 1987).

Die in wässriger Lösung nicht beständigen, gelbroten Am^{4+}-Ionen sind nur durch Einwirkung starker Oxidationsmittel aus Am^{3+} zugänglich. In fester Form sind zwei Verbindungen charakterisiert: Americium-IV-oxid (AmO_2) und Americium-IV-fluorid (AmF_4).

Der fünfwertige Oxidationszustand wurde erstmals 1951 beobachtet (Werner und Perlman 1951). In wässriger Lösung liegen primär gelbe AmO_2^+-Ionen (sauer) oder AmO_3^--Ionen (alkalisch) vor, die jedoch instabil sind und einer raschen Disproportionierung unterliegen.

Etwas stabiler als Am-IV und Am-V sind die Americium-VI-Verbindungen. Sie sind aus Am-III durch Oxidation mit Ammoniumperoxodisulfat in verdünnter Salpetersäure darstellbar. Der typische rosafarbene Ton verändert sich zu einer starken Gelbfärbung (Asprey et al. 1950). Eine ebenfalls vollständige Oxidation ist mittels Silberoxid in Perchlorsäure erzielbar (Asprey et al. 1951). In schwach alkalischer Lösung ist eine Oxidation mit Ozon oder Natriumperoxodisulfat gleichfalls möglich (Coleman et al. 1963).

Anwendungen Das Isotop $^{242m1}_{95}$Am hat mit rund 5700 barn den höchsten jemals gemessenen thermischen Spaltquerschnitt (Seelmann-Eggebert et al. 2006). Die kritische Masse einer Kugel aus reinem $^{242m1}_{95}$Am beträgt nur 9–14 kg, jedoch sind die Wirkungsquerschnitte aller Isotope zum Teil noch unsicher. Mit Reflektor beträgt die kritische Masse sogar nur 3–5 kg (Dias et al. 2003).

Theoretisch eignet sich dieses Isotop für Raumschiffe mit atomarem Antrieb oder zum Bau sehr kompakter Kernwaffen, aber Americium ist gegenwärtig generell nur in sehr kleinen Mengen verfügbar. Daher wird $^{242m1}_{95}$Am auch nicht in Kernreaktoren eingesetzt, obwohl es dazu sehr geeignet wäre (Ronen et al. 2000). Die zwei anderen, in größeren Mengen vorhandenen Isotope, $^{241}_{95}$Am und $^{243}_{95}$Am sind zwar in der Lage, in einem schnellen Reaktor eine Kettenreaktion aufrechtzuerhalten, jedoch besitzen sie zu hohe kritische Massen (unreflektiert 65 ± 10 kg bei $^{241}_{95}$Am, 209 kg bei $^{243}_{95}$Am (Institut de Radioprotection et de Sûreté Nucléaire)).

Die von $^{241}_{95}$Am emittierte α-Strahlung (Halbwertszeit 432,2 a) nutzt man in Ionisationsrauchmeldern (World Nuclear Association 2014), da seine γ-Aktivität klein ist. Der Zerfall führt zur Bildung von $^{237}_{93}$Np, das wegen seiner hohen Halbwertszeit von 2,144 Mio. a für diese Anwendung zu inaktiv ist.

Dasselbe Isotop ($^{241}_{95}$Am) könnte auch in Radionuklidbatterien (RTG) von Raumsonden eingesetzt werden, dies wurde technisch aber noch nicht umgesetzt.

In der Medizin setzt man $^{241}_{95}$Am, in Form seines Oxids mit Beryllium verpresst, als Neutronenquelle für radiochemische Untersuchungen ein (Binder 1999c). Durch ihren hohen Wirkungsquerschnitt für die von $^{241}_{95}$Am ausgesandten (α,n)-Teilchen werden die Beryllium- in entsprechende Kohlenstoffisotope umgewandelt.

Americium ist Ausgangsstoff zur Herstellung von Isotopen noch höherer Ordnungszahl, zum Beispiel der Curiumisotope $^{242}_{96}$Cm und $^{244}_{96}$Cm. In Teilchenbeschleunigern erzeugt man durch Beschuss von $^{241}_{95}$Am mit $^{12}_{6}$C bzw. $^{22}_{10}$Ne Einsteinium $^{247}_{99}$Es bzw. Dubnium $^{260}_{105}$Db (Binder 1999c).

Mit seiner intensiven Gammastrahlungs-Spektrallinie bei 60 keV zeigt $^{241}_{95}$Am gute Eignung als Strahlenquelle für die Röntgen-Fluoreszenzspektroskopie. Dies nutzt man auch zur Kalibrierung von Gammaspektrometern im niederenergetischen Bereich, da die benachbarten Linien vergleichsweise schwach sind und so ein einzeln stehender Peak entsteht.

5.11 Curium

Symbol	Cm		
Ordnungszahl	96		
CAS-Nr.	7440-51-9		
Aussehen	Silbrig-weiß	Curium, Brocken	
Farbe von Cm^{x+} aq.	Siehe „Verbindungen"	(Kronenberg)	
Entdecker, Jahr	Seaborg et al. (USA), 1944		

Wichtige Isotope [natürliches Vorkommen (%)]	Halbwertszeit (a)	Zerfallsart, -produkt
$^{245}_{96}$Cm (synthetisch)	8500	$\alpha > ^{241}_{94}$Pu
$^{246}_{96}$Cm (synthetisch)	4760	$\alpha > ^{242}_{94}$Pu
$^{247}_{96}$Cm (synthetisch)	$1{,}56 \cdot 10^7$	$\alpha > ^{243}_{94}$Pu
$^{248}_{96}$Cm (synthetisch)	348.000	$\alpha > ^{244}_{94}$Pu ♦ SF > ?
Preis (US$)	1 mg $^{244}_{96}$Cm	160
	1 mg $^{248}_{96}$Cm	160
Atommasse (u)		247,07
Elektronegativität (Pauling)		1,3
Normalpotential (V; $Cm^{3+} + 3\,e^- \rightarrow Cm$)		−2,06
Atomradius (berechnet, pm)		174 (−)
Kovalenter Radius (pm)		169
Ionenradius (pm)		95 (Cm^{3+})
Elektronenkonfiguration		[Rn] $7s^2$ $6d^1$ $5f^7$
Ionisierungsenergie (kJ/mol), erste		581
Magnetische Volumensuszeptibilität		Keine Angabe
Magnetismus		Paramagnetisch
Curie-Punkt ♦ Néel-Punkt (K)		Keine Angabe
Einfangquerschnitt Neutronen (barns)		60 ($^{247}_{96}$Cm)
Elektrische Leitfähigkeit ([A/(V · m)], bei 300 K)		$0{,}76 \cdot 10^6$
Elastizitäts- ♦ Kompressions- ♦ Schermodul (GPa)		54,8 ♦ 37,9 ♦ 21,8
Vickers-Härte ♦ Brinell-Härte (MPa)		570 ♦ −
Kristallsystem		Hexagonal
Schallgeschwindigkeit (m/s, bei 293 K)		2680
Dichte (g/cm³, bei 298 K)		13,51
Molares Volumen (m³/mol, bei 293 K)		$18{,}05 \cdot 10^{-6}$
Wärmeleitfähigkeit ([W/(m · K)])		10
Spezifische Wärme ([J/(mol · K)])		Keine Angabe
Schmelzpunkt (°C ♦ K)		1340 ♦ 1613
Schmelzwärme (kJ/mol)		15
Siedepunkt (°C ♦ K)		3110 ♦ 3383
Verdampfungswärme (kJ/mol)		Keine Angabe

Gewinnung Curium entsteht im Kernreaktor in sehr kleiner Menge; der weltweite Vorrat beläuft sich auf wenige kg. Daher ist es sehr teuer (ca. US$ 160/mg für $^{244}_{96}$Cm bzw. $^{248}_{96}$Cm.

Im Reaktor wird es aus $^{238}_{92}$U durch mehrere aufeinanderfolgende Kernreaktionen gebildet. Zuerst erfolgt ein Neutroneneinfang, gefolgt von zwei β⁻-Zerfällen, wodurch $^{239}_{94}$Pu entsteht. Von jenem ausgehend finden zwei weitere (n,γ)-Reaktionen mit anschließendem β⁻-Zerfall statt; Ergebnis ist das Americiumisotop

$^{241}_{95}$Am. Dieses ergibt nach einer weiteren (n,γ)-Reaktion mit folgendem β^--Zerfall $^{242}_{96}$Cm (Binder 1999).

$$^{239}_{94}\text{Pu} + 2\,^{1}_{0}\text{n} / -\gamma \rightarrow ^{241}_{94}\text{Pu} \rightarrow (14,35\text{ a})\beta^- + ^{241}_{95}\text{Am}$$

$$^{241}_{95}\text{Am} + ^{1}_{0}\text{n} / -\gamma \rightarrow ^{242}_{95}\text{Am} \rightarrow (16,02\text{ h})\beta^- + ^{242}_{96}\text{Cm}$$

Curium kann man besser auch gezielt aus Plutonium gewinnen, das in abgebrannten Brennstäben in größeren Mengen vorkommt. Plutonium wird dazu mit einer intensiven Neutronenquelle bestrahlt. Das Isotop $^{239}_{94}$Pu erfährt vier aufeinander folgende (n,γ)-Reaktionen und wandelt sich dabei in $^{243}_{94}$Pu um, das durch β^--Zerfall (Halbwertszeit 4,96 h) zu $^{243}_{95}$Am zerfällt. Das daraus durch eine weitere (n,γ)-Reaktion entstehende ^{244}Am erleidet seinerseits β^--Zerfall (Halbwertszeit 10,1 h) zu $^{244}_{96}$Cm (Seaborg et al. 1949; Lumetta et al. 2006).

Diese Reaktion findet auch im Kernreaktor statt, so dass ^{244}Cm auch bei der Wiederaufarbeitung abgebrannter Brennstäbe in geringen Mengen entsteht. Wegen seiner langen Halbwertszeit verwendet man bevorzugt $^{248}_{96}$Cm. Am leichtesten und mit einer Isotopenreinheit von 97 % erhält man dieses Isotop durch α-Zerfall von $^{252}_{98}$Cf (Californium), das wegen seiner relativen Stabilität besser verfügbar ist. Pro Jahr erhält man so 35–50 mg $^{248}_{96}$Cm.

Metallisches Curium erhält man z. B. durch Umsetzung von Curium-III-fluorid in wasser- und sauerstofffreier Umgebung in Reaktionsapparaturen aus Tantal und Wolfram mit elementarem Barium oder Lithium (Lumetta et al. 2006; Cunningham und Wallmann 1964; Stevenson und Peterson 1979; Gmelins Handbuch der anorganischen Chemie).

$$\text{CmF}_3 + 3\text{ Li} \rightarrow \text{Cm} + 3\text{ LiF}$$

Ebenso ergibt die Reduktion von Curium-IV-oxid durch eine Magnesium-Zink-Legierung in einer Schmelze aus Magnesiumchlorid und -fluorid metallisches Curium (Eubanks und Thompson 1969).

Eigenschaften Das zu Curium analoge Lanthanoid ist das Gadolinium. Curium ist ein künstlich erzeugtes, radioaktives Metall, ziemlich hart und mit silbrig-weißem Aussehen. Auch in weiteren Eigenschaften ähnelt es diesem sehr. Der Schmelzpunkt des Curiums von 1340 °C liegt deutlich höher als der der vorhergehenden Transurane Neptunium (637 °C), Plutonium (639 °C) und Americium (1173 °C).

Verglichen damit schmilzt Gadolinium bei 1312 °C. Der Siedepunkt von Curium liegt bei 3110 °C.

Unter Standardbedingungen liegt das hexagonal in der Raumgruppe P63/mmc mit der Schichtenfolge kristallisierende α-Cm vor. Oberhalb eines Drucks von 23 GPa geht α-Cm in β-Cm über. Die β-Modifikation kristallisiert im kubisch-flächenzentrierten Gitter.

Die stabilste Oxidationsstufe für Curium ist +3, manchmal kommt es auch in der Oxidationsstufe +4 vor (Keenan 1961; Asprey et al. 1955) Sein chemisches Verhalten ähnelt sehr dem Americium und vielen Lanthanoiden. In verdünnten wässrigen Lösungen ist das Cm^{3+}-Ion farblos, das Cm^{4+}-Ion blassgelb (Holleman und Wiberg 2007a). Konzentriertere Lösungen von Cm^{3+} erscheinen aber ebenfalls blassgelb (Lumetta et al. 2006; Keller 1971; Lide 1997–1998).

Curium unterscheidet sich in seinem Komplexbildungsverhalten von Actinoiden wie Thorium und Uran und ähnelt auch hier mehr den Lanthanoiden. In Komplexen tritt es meist koordiniert mit neun Liganden auf.

Von Curium sind 20 Isotope und 7 Kernisomere des Elements zwischen $^{233}_{96}Cm$ und $^{252}_{96}Cm$ bekannt, die alle radioaktiv sind. Die längsten Halbwertszeiten weisen $^{247}_{96}Cm$ (15,6 Mio. a) und $^{248}_{96}Cm$ (348.000 a) auf. Relativ langlebig sind außerdem noch die Isotope $^{245}_{96}Cm$ (8500 a), $^{250}_{96}Cm$ (8300 a) und $^{246}_{96}Cm$ (4760 a).

Technisch am meisten verwendet werden aber die kurzlebigen Isotope $^{242}_{96}Cm$ mit 162,8 d und $^{244}_{96}Cm$ mit 18,1 a Halbwertszeit.

Die Nuklide mit ungerader Massenzahl zeigen hohe Wirkungsquerschnitte (in barn) für thermische Neutronen und sind daher leicht durch diese spaltbar: $^{243}_{96}Cm$ (620), $^{245}_{96}Cm$ (2100), $^{247}_{96}Cm$ (82).

Verbindungen Curium wird leicht von Sauerstoff angegriffen und bildet die Oxide Cm_2O_3 und CmO_2. Auch CmO ist charakterisiert.

Das schwarze Curium-IV-oxid ist schon durch Glühen metallischen Curiums an Luft zugänglich (Asprey et al. 1955). Alternativ können hierzu Curium-III-oxalat $[Cm_2(C_2O_4)_3)]$ oder Curium-III-nitrat $[Cm(NO_3)_3]$ geglüht werden.

Aus Curium-IV-oxid kann das weißliche Curium-III-oxid durch thermische Zersetzung im Vakuum bei 600 °C erhalten werden (Asprey et al. 1955), oder aber CmO_2 wird mit Wasserstoff reduziert.

An Halogeniden des Curiums kennt man Curium-IV-fluorid (CmF_4, braun, nur zugänglich durch Reaktion von CmF_3 mit F_2 (Lumetta et al. 2006)), sowie die farblosen Verbindungen Curium-III-fluorid (CmF_3), Curium-III-chlorid ($CmCl_3$), Curium-III-bromid ($CmBr_3$), Curium-III-iodid (CmI_3). $CmCl_3$ ist durch Reaktion von Curium-III-hydroxid mit wasserfreiem Chlorwasserstoffgas herstellbar. Die anderen Halogenide stellt man durch Umsetzung von Curium-III-chlorid mit dem Ammoniumsalz des jeweiligen Halogenids her.

Das Sulfid und Selenid sind durch Umsetzung von Curium mit gasförmigem Schwefel oder Selen im Vakuum bei erhöhter Temperatur zugänglich.

Anwendungen Curium zeigt eine viel stärkere Radioaktivität als $^{226}_{88}$Ra (Binder 1999). Daher gibt Curium sehr große Wärmemengen ab (3 W/g bei $^{244}_{96}$Cm und 120 W/g (!) bei $^{242}_{96}$Cm) [39], was den Einsatz dieser Isotope in Form ihres Oxids (Cm_2O_3) in Radionuklidbatterien zur Versorgung mit elektrischer Energie möglich erscheinen lässt. Für Raumsonden wurde vor allem die Verwendung von $^{244}_{96}$Cm geprüft. Am Ende unterlag es aber gegen $^{238}_{94}$Pu. Es benötigt als α-Strahler zwar nur eine wesentlich dünnere Abschirmung, aber seine Spontanspaltungsrate sowie die damit verbundene Intensität der Neutronen- und γ-Strahlung ist höher, bei gleichzeitig sehr kurzer Halbwertszeit (18,1 a); zum Vergleich $^{238}_{94}$Pu mit 87,7 a.

$^{242}_{96}$Cm wurde auch eingesetzt, um reines $^{238}_{94}$Pu für Radionuklidbatterien in Herzschrittmachern zu erzeugen. $^{244}_{96}$Cm fungiert als α-Strahler in den vom Max-Planck-Institut für Chemie in Mainz entwickelten α-Partikel-Röntgenspektrometern (APXS). Diese gelangten in den Mars-Rovern Sojourner, Spirit und Opportunity zur chemischen Analyse von Oberflächengestein zum Einsatz. Die kürzlich auf dem Kometen Tschurjumow-Gerassimenko gelandete Sonde Philae der Raumsonde Rosetta ist mit einem APXS ausgerüstet, um die Zusammensetzung des Gesteins zu analysieren.

Außerdem ist Curium Ausgangsmaterial zur Erzeugung höherer Transurane und Transactinoide. Beim Beschuss von $^{248}_{96}$Cm mit bzw. Magnesiumatomen ($^{26}_{12}$Mg) entstanden Nuklide des Elements Hassium ($^{269}_{108}$Hs, $^{270}_{108}$Hs) (Holleman und Wiberg 2007c).

5.12 Berkelium

Symbol	Bk		
Ordnungszahl	97		
CAS-Nr.	7440-40-6		
Aussehen	Silbrig-weiß	Berkelium, 100 µg	
Farbe von Bk^{3+} aq.	Gelb, gelbgrün	(Oak Ridge National Laboratory 1984)	
Entdecker, Jahr	Seaborg, Thompson, Ghiorso (USA), 1949		

Wichtige Isotope [natürliches Vorkommen (%)]	Halbwertszeit	Zerfallsart, -produkt
$^{245}_{97}$Bk (synthetisch)	4,94 d	$\varepsilon > ^{245}_{96}$Cm
$^{247}_{97}$Bk (synthetisch)	1380 a	$\alpha > ^{243}_{95}$Am
$^{249}_{97}$Bk (synthetisch)	330 d	$\beta^- > ^{249}_{98}$Cf
$^{250}_{97}$Bk (synthetisch)	3,2 h	$\beta^- > ^{250}_{98}$Cf
Preis (US$)	1 µg $^{249}_{97}$Bk	160
Atommasse (u)		247
Elektronegativität (Pauling)		1,3
Normalpotential (V; Bk^{3+} + 3 e$^-$ → Bk)		−2,01
Atomradius (berechnet, pm)		170
Kovalenter Radius (pm)		Keine Angabe
Ionenradius (pm)		98 (Bk^{3+})
Elektronenkonfiguration		[Rn] 7s^2 5f^9
Ionisierungsenergie (kJ/mol), erste		601
Magnetische Volumensuszeptibilität		Keine Angabe
Magnetismus		Paramagnetisch
Curie-Punkt ♦ Néel-Punkt (K)		101 ♦ 34
Einfangquerschnitt Neutronen (barns)		710 ($^{249}_{97}$Bk)
Kristallsystem		Hexagonal
Dichte (g/cm^3, bei 298 K)		14,78
Molares Volumen (m^3/mol, bei 293 K)		16,84 · 10^{-6}
Wärmeleitfähigkeit ([W/(m · K)])		10
Schmelzpunkt (°C ♦ K)		986 ♦ 1259
Siedepunkt (°C ♦ K)		2627 ♦ 2900

Gewinnung Berkelium entsteht in Kernreaktoren aus Uran ($^{238}_{92}$U) oder Plutonium ($^{239}_{94}$Pu) durch zahlreiche nacheinander folgende Neutroneneinfänge und β-Zerfälle – unter Ausschluss von Spaltungen oder α-Zerfällen. Diese (n,γ)- oder Neutroneneinfangsreaktionen gehen stets mit der Aussendung eines γ-Quants einher. Die hierzu benötigten freien Neutronen entstehen durch Kernspaltung anderer Kerne im Reaktor.

Am Ende entsteht aus $^{239}_{94}$Pu durch vier aufeinander folgende (n,γ)-Reaktionen $^{243}_{94}$Pu, das durch β-Zerfall (Halbwertszeit 4,96 h) in $^{243}_{95}$Am übergeht. Das durch nochmalige (n,γ)-Reaktion gebildete $^{244}_{95}$Am wandelt sich seinerseits durch β$^-$-Zerfall (Halbwertszeit 10,1 h) in $^{244}_{96}$Cm um. Aus jenem entstehen durch weitere (n,γ)-Reaktionen im Reaktor sowie jeweils darauf folgenden β$^-$Zerfall in kleiner werdenden Mengen Kerne schwererer Elemente, darunter auch das nächsthöhere, Berkelium. Die Darstellung und Charakterisierung des Elementes wurde bereits in den 1950er Jahren beschrieben (Seaborg et al. 1950a, b, e, Thompson und Seaborg; Thompson und Cunningham 1958).

Berkelium kann man auch durch Beschuss leichterer Actinoide mit Neutronen in einem Kernreaktor erzeugen. Der 85 MW High-Flux-Isotope Reactor (HFIR) am Oak Ridge National Laboratory in Tennessee, USA wird oft zur Herstellung sehr schwerer Atomkerne genutzt.

Im Reaktor wird $^{249}_{97}$Bk durch β-Zerfall aus $^{249}_{96}$Cm gebildet; weitere Isotope des Berkeliums sind auf diese Weise aber nicht zugänglich. Jenes zerfällt relativ schnell weiter zu $^{249}_{98}$Cf:

$$^{249}_{96}Cm \rightarrow (64,15 \text{ min})\beta^- + ^{249}_{97}Bk \rightarrow (330 \text{ d})\beta^- + ^{249}_{98}Cf$$

Theoretisch ist die Bildung von $^{250}_{97}$Bk durch Neutroneneinfang aus $^{249}_{97}$Bk möglich, dieses schwerere Isotop erleidet aber schnellen β⁻-Zerfall zu $^{250}_{98}$Cf (Halbwertszeit 3,212 h).

Das langlebigste Isotop $^{247}_{97}$Bk ist somit nur durch gezielten Beschuss leichter Actinoidenisotope mit leichten Kernen geeigneter Ordnungszahl zugänglich. Berkelium ist heute immer noch in nur sehr geringen Mengen verfügbar und sehr teuer (US$ 160/µg).

Metallisches Berkelium konnte erstmals 1969 durch Reaktion von BkF₃ mit Lithium bei 1000 °C in einer aus Tantal gefertigten Apparatur hergestellt werden (Peterson et al. 1971):

$$BkF_3 + 3 Li \rightarrow Bk + 3 LiF$$

Es ist auch durch analoge Reaktion aus BkF₄ mit Lithium oder aber von BkO₂ mit Lanthan oder Thorium darstellbar (Spirlet et al. 1987):

$$3 BkO_2 + 4 La \rightarrow 3 Bk + 2 La_2O_3$$

Eigenschaften Berkelium ist ein künstlich erzeugtes, radioaktives Metall mit silbrig-weißem Aussehen, einem Schmelzpunkt von 986 °C und einer Dichte von 14,78 g/cm³. Unter Standardbedingungen liegt das in einer doppelt-hexagonal dichtesten Kugelpackung (Raumgruppe P63/mmc) mit der Schichtfolge ABAC kristallisierende α-Bk vor. Bei höherer Temperatur geht α-Bk in das kubisch kristallisierende (Raumgruppe Fm3m, Schichtfolge ABC) β-Bk über, dessen Dichte 13,25 g/cm³ beträgt (Peterson et al. 1971).

Die Lösungsenthalpie von Berkelium in Salzsäure unter Standardbedingungen beträgt − 600,2 ± 5,1 kJ/mol. Auf Basis dieses Wertes wurde die Standardbildungsenthalpie (ΔfH0) von Bk^{3+}(aq.) auf -601 ± 5 kJ/mol und das Standardpotential Bk^{3+}/Bk zu $-2,01 \pm 0,03$ V berechnet (Fuger et al. 1981).

Zwischen 70 und 300 K verhält sich Berkelium wie ein Curie-Weiss-Paramagnet mit einer Curie-Temperatur von 101 K. Beim Abkühlen auf etwa 34 K geht Berkelium in einen antiferromagnetischen Zustand über (Mihalisin et al. 1980).

Berkelium ist wie alle Actinoide reaktionsfähig und bildet mit Sauerstoff, Wasserstoff, Halogenen, Chalkogenen und Penteliden verschiedene Verbindungen, wobei die Reaktivität mit der Temperatur zunimmt. Bei Raumtemperatur reagiert es allerdings mit Sauerstoff nur langsam (Peterson und Hobart 2006).

Verbindungen Von Berkelium existieren Oxide der Oxidationsstufen $+3$ (Bk_2O_3) und $+4$ (BkO_2) (Peterson und Cunningham 1967). In wässriger Lösung ist die Oxidationsstufe $+3$ am stabilsten, man kennt aber Verbindungen mit Berkelium in den Oxidationsstufen $+4$ und $+2$. Wässrige, Bk^{3+}-Ionen enthaltende Lösungen haben gelbgrüne Farbe, mit Bk^{4+}-Ionen sind sie in salzsaurer Lösung beige, in schwefelsaurer Lösung orange-gelb. Ein ähnliches Verhalten zeigt das zu Berkelium analoge Lanthanoid Terbium (Thompson und Seaborg; Seaborg et al. 1950a).

Berkelium-IV-oxid (BkO_2) ist ein brauner Feststoff und kristallisiert im kubischen Kristallsystem in der Fluorit-Struktur (Gitterparameter $533,4 \pm 0,5$ pm (Baybarz 1968)). Bk_2O_3 entsteht aus BkO_2 durch Reduktion mit Wasserstoff und ist ein gelbgrüner Feststoff mit einem Schmelzpunkt von 1920 °C (Holleman und Wiberg 2007d) und kristallisiert kubisch-raumzentriert (Baybarz 1968).

Halogenide sind für die Oxidationsstufen $+3$ und $+4$ bekannt (Holleman und Wiberg 2007e). Die Verbindungen BkX_3 sind für alle Halogene charakterisiert und auch in wässriger Lösung stabil. Das gelbgrüne Berkelium-III-fluorid (BkF_3) liegt temperaturabhängig in zwei kristallinen Strukturen vor. Bis etwa 400 °C kristallisiert es orthorhombisch, darüber trigonal (LaF_3-Typ) (Ensor et al. 1981; Peterson und Cunningham 1968a).

Berkelium-III-chlorid ($BkCl_3$) ist ein grüner Feststoff mit einem Schmelzpunkt von 603 °C (Holleman und Wiberg 2007d, e) und kristallisiert hexagonal (Peterson und Cunningham 1968b). Das gelbgrüne, bei Raumtemperatur feste Berkelium-III-bromid ($BkBr_3$) kristallisiert im $PuBr_3$-Typ, bei höheren Temperaturen im $AlCl_3$-Typ (Burns et al. 1975). Berkelium-III-iodid (BkI_3) ist ein gelber Feststoff und kristallisiert hexagonal.

Berkelium-IV-fluorid (BkF_4) ist eine gelbgrüne, ionische, nur in fester Phase stabile Verbindung.

Das bräunlich-schwarze Berkelium-III-sulfid (Bk_2S_3) ist durch Umsetzung von Berkelium-III-oxid mit einem Gemisch von Schwefelwasserstoff und Kohlenstoffdisulfid bei 1130 °C oder aber durch die direkte Reaktion von Berkelium mit Schwefel darstellbar.

Die Verbindungen des Berkeliums ($^{249}_{97}$Bk) mit Pnictogenen (Elementen der 5. Hauptgruppe) des Typs BkX (X = Stickstoff, Phosphor, Arsen und Antimon) können durch Umsetzung von Bk oder BkH_3 (Berkelium-III-hydrid) im Hochvakuum dargestellt worden. Berkelium-III-nitrat, -sulfat, -oxalat, -phosphat und -hydroxid sind des Weiteren beschrieben worden.

Anwendungen Berkeliumisotope verwendet man meist zur Synthese noch schwererer Transurane und Transactinoide. So dient $^{249}_{97}$Bk zur Herstellung von Nukliden des Lawrenciums, Rutherfordiums und Bohriums, ebenso auch als Quelle für das Isotop $^{249}_{98}$Cf.

Eine nach einem fast einjährigen Bestrahlungs- und Reinigungsprozess erhaltene Probe von 22 mg $^{249}_{97}$Bk wurde 2010 im Rahmen der Zusammenarbeit des Vereinigten Institut für Kernforschung (JINR, Dubna (Russland)) und dem amerikanischen und Lawrence Livermore National Laboratory 150 Tage lang mit Calciumionen im U400-Zyklotron beschossen. Dieser Versuch führte zu den ersten 6 Atomen des Elements Ununseptium (OZ: 117).

5.13 Californium

Symbol	Cf	
Ordnungszahl	98	
CAS-Nr.	7440-71-3	

Aussehen	Silbrig-weiß	Californium, Ø
Farbe von Cf^{3+} aq.	Grün bis orange	1 mm (Haire 2006a)
Entdecker, Jahr	Thompson, Street, Ghiorso, Seaborg (USA), 1950	
Wichtige Isotope [natürliches Vorkommen (%)]	Halbwertszeit	Zerfallsart, -produkt
$^{244}_{98}$Cf (synthetisch)	19,4 min	$\alpha > {}^{240}_{96}$Cm
$^{248}_{98}$Cf (synthetisch)	334 d	$\alpha > {}^{244}_{96}$Cm
$^{249}_{98}$Cf (synthetisch)	351 a	$\alpha > {}^{245}_{96}$Cm
$^{251}_{98}$Cf (synthetisch)	900 a	$\alpha > {}^{247}_{96}$Cm
Atommasse (u)	251	
Elektronegativität (Pauling)	1,30	
Normalpotential (V; $Cf^{3+} + 3 e^- \rightarrow Cf$)	−1,92	
Atomradius (berechnet, pm)	186	
Kovalenter Radius (pm)	Keine Angabe	

Ionenradius (pm)	98 (Cf^{3+})
Elektronenkonfiguration	[Rn] $7s^2\ 5f^{10}$
Ionisierungsenergie (kJ/mol), erste	608 (berechnet)
Magnetismus	Paramagnetisch
Curie-Punkt ♦ Néel-Punkt (K)	Keine Angabe
Einfangquerschnitt Neutronen (barns)	2900 ($^{251}_{98}$Cf)
Kristallsystem	Hexagonal
Dichte (g/cm^3, bei 298 K)	15,1
Molares Volumen (m^3/mol, bei 293 K)	$16,50 \cdot 10^{-6}$
Wärmeleitfähigkeit ([W/(m · K)])	10
Schmelzpunkt (°C ♦ K)	900 ♦ 1173
Siedepunkt (°C ♦ K)	1470 ♦ 1743

Gewinnung Californium erzeugt man durch Beschuss von Atomkernen leichterer Actinoide mit Neutronen in einem Kernreaktor. Meist führt man die Synthese im 85 MW High-Flux-Isotope Reactor am Oak Ridge National Laboratory in Tennessee, USA, durch.

In Kernreaktoren werden Californiumisotope ausgehend von $^{238}_{92}$U oder Plutoniumisotopen durch zahlreiche nacheinander folgende Neutroneneinfänge und β⁻-Zerfälle hergestellt. Kernspaltungen oder α-Zerfälle bleiben dabei unberücksichtigt. Zuerst gewann man so die Isotope $^{249}_{98}$Cf, $^{250}_{98}$Cf, $^{251}_{98}$Cf und $^{252}_{98}$Cf. Wie bereits für Berkelium beschrieben, ist für einen solchen Prozess das Aufeinanderfolgen mehrerer (n,γ)- oder Neutroneneinfangsreaktionen entscheidend, die immer mit der Aussendung eines γ-Quants verbunden sind, durch die das gerade erzeugte, angeregte Tochternuklid wieder in den Grundzustand übergeht.

Zur gezielten Darstellung in Kleinstmengen bestrahlt man $^{239}_{94}$Pu mittels einer starken Neutronenquelle. Vier aufeinander folgende (n,γ)-Reaktionen lassen $^{243}_{94}$Pu entstehen, das durch β⁻-Zerfall (Halbwertszeit 4,96 h) in $^{243}_{95}$Am übergeht. Jenes fängt ein Neutron ein, daraus resultiert $^{244}_{95}$Am, das sich durch erneuten β⁻-Zerfall (Halbwertszeit 10,1 h) in $^{244}_{96}$Cm umwandelt. Aus $^{244}_{96}$Cm entstehen durch weitere (n,γ)-Reaktionen im Reaktor in jeweils kleiner werdenden Mengen die nächst schwereren Curiumisotope bis hinauf zu $^{249}_{96}$Cm. Aus Letzterem entsteht schließlich unter anderem durch zweimaligen β⁻-Zerfall $^{249}_{98}$Cf (Audi et al. 2003).

Die Arbeitsgruppe um Seaborg beschrieb 1950 die erstmals erfolgte Erzeugung von Nukliden des Californiums (Seaborg et al. 1950b, e, f).

Elementares Californium ist entweder durch Reduktion von Californium-III-oxid mit Lanthan oder Thorium oder aber von Californium-III-fluorid mit Lithium oder Kalium erhältlich:

$$CfF_3 + La \rightarrow Cf + LaF_3$$

1974 reklamierten Haire und Baybarz (Haire und BayBarz 1974) die erstmalige Darstellung metallischen Californiums durch Umsetzung von Californium-III-oxid (Cf_2O_3) mit Lanthan. Beschrieben wurden eine kubisch-flächenzentrierte und eine hexagonale Struktur; der Schmelzpunkt wurde mit $900 \pm 30\,°C$ angegeben.

1975 beschrieb man die beiden obengenannten Strukturen nur als chemische Verbindungen des Californiums: das hexagonal kristallisierende Cf_2O_2S und das kubisch-flächenzentrierte CfS (Zachariasen 1975). Noé und Peterson stellten diese und eigene Ergebnisse wenig später vor; diese belegen eindeutig die Darstellung von Californium und charakterisieren dessen Eigenschaften (Noé und Peterson 1975)

Eigenschaften Californium zählt mit seiner Ordnungszahl 98 zu den Actinoiden, das zu ihm analoge Element der Lanthanoidenreihe ist das Dysprosium.

Californium ist ein künstlich gewonnenes, radioaktives Metall mit einem Schmelzpunkt von ca. $900\,°C$ und einer Dichte von $15,1$ g/cm³, das in insgesamt drei verschiedenen Modifikationen auftritt (α-, β- und γ-Cf). Das bis hinauf zu einer Temperatur von $600\,°C$ existierende α-Cf kristallisiert in einer doppelt-hexagonal dichtesten Kugelpackung (Raumgruppe P63/mmc, Schichtenfolge ABAC) (Noé und Peterson 1975; Ermishev et al. 1986).

Unter Temperatur- und Drucksteigerung geht α-Cf allmählich in β-Cf über (Peterson et al. 1983). Das zwischen 600 und $725\,°C$ beständige β-Cf kristallisiert kubisch-flächenzentriert bzw. kubisch -dichtest (Raumgruppe Fm3m, Stapelfolge ABC). Oberhalb von $725\,°C$ erfolgt Umwandlung der β- in die γ-Modifikation, die gleichfalls kubisch kristallisiert (Noé und Peterson 1975).

Die Lösungsenthalpie von Californium in Salzsäure liegt unter Standardbedingungen bei $-576,1 \pm 3,1$ kJ/mol, woraus sich die Standardbildungsenthalpie (ΔfH0) von Cf^{3+}(aq.) zu -577 ± 5 kJ/mol und das Standardpotential Cf^{3+}/Cf zu $-1,92 \pm 0,03$ V ergibt (Fuger et al. 1984; Raschella et al. 1982).

Das silberglänzende Schwermetall ist wie alle Actinoide sehr reaktiv und wird von Wasserdampf, Sauerstoff und Säuren angegriffen. Gegenüber Alkalien ist es stabil.

Alle Californiumisotope von $^{249}_{98}Cf$ und $^{254}_{98}Cf$ sind wegen ihrer relativen Langlebigkeit imstande, eine Kettenreaktion mit Spaltneutronen aufrechtzuerhalten. Die kritischen Massen von aus $^{251}_{98}Cf$ bzw. $^{254}_{98}Cf$ bestehenden Kugeln liegen mit 5,46 bzw. 4,3 kg sehr niedrig, jedoch sind entweder deren Herstellung zu aufwändig oder die Halbwertszeit dieser Isotope zu kurz, als dass sie in Kernwaffen eingesetzt werden könnten.

Verbindungen Die stabilste Oxidationsstufe des Californiums ist $+3$, wie für die höheren Actinoide wegen ihrer stärkeren Ähnlichkeit zu den homologen Lanthaniden zu erwarten ist.

Das schwarzbraune Californium-IV-oxid (CfO_2) entsteht durch Oxidation von Californium mit molekularem Sauerstoff bei hohem Druck und durch atomaren Sauerstoff. In Kernreaktoren wird es durch Bestrahlen von Urandioxid (UO_2) bzw. Plutoniumdioxid (PuO_2) mit Neutronen gebildet.

Das gelbgrüne Californium-III-oxid (Cf_2O_3) schmilzt bei 1750 °C; es ist Wirkstoff in $^{252}_{98}$Cf-Neutronenquellen und wird durch Glühen des Oxalats [$Cf_2(C_2O_4)_3$] hergestellt (Boulogne und Faraci 1970).

Halogenide sind für die Oxidationsstufen +2, +3 und +4 beschrieben. Die Oxidationsstufe +3 ist am beständigsten, +2 und +4 nur in der festen Phase zu stabilisieren.

Das hellgrüne Californium-IV-fluorid (CfF_4) ist das einzige Tetrahalogenid. Daneben existieren die Trihalogenide CfF_3 (gelbgrün), $CfCl_3$ (grün), $CfBr_3$ (grün) und CfI_3 (rotorange). Von den Dihalogeniden sind $CfCl_2$ (cremefarben), $CfBr_2$ (bernsteinfarben) und CfI_2 (violett) (Holleman et al. 2007c; Haire et al. 1977).

Das kubisch kristallisierende Californium-III-oxifluorid (CfOF) konnte durch Hydrolyse von Californium-III-fluorid (CfF_3) bei hohen Temperaturen dargestellt werden (Peterson und Burns 1968).

Anwendungen Das Isotop $^{252}_{98}$Cf ist als Neutronenquelle wichtig. Da es teils spontan zerfällt, strahlt 1 µg pro Sekunde 2,314 Mio. Neutronen ab (Audi et al. 2003). Es wird in Form von Californium-III-oxid (Cf_2O_3) und manchmal auch in tragbaren Einheiten verwendet. Einsatzgebiete sind in der Medizin zur Krebsbehandlung (Martin und Miller 2002; United States Patent 7118524), in der Industrie (Materialdiagnostik, „On the Spot"-Neutronenaktivierungsanalyse) (Martin und Miller 2002), bei der Erdölförderung zur Messung des Wassergehaltes in ölführenden Schichten (Martin und Miller 2002), zum Auffinden von Sprengstoffen (Martin und Miller 2002), als Starter in Kernreaktoren (Bayerisches Staatsministerium für Umwelt 2006) und zur Herstellung höherer Elemente.

Letztere wird zunehmend wichtig, da Californium das letzte Element und sozusagen das „letzte Sprungbrett" innerhalb der Reihe der Actinoide ist, das gerade noch langlebig genug ist, um aus ihm durch Beschuss mit leichten Atomkernen Nuklide deutlich höherer Protonen- und Massenzahlen zu erzeugen. Beispielsweise ergibt der Beschuss von $^{249}_{98}$Cf mit Kohlenstoff ($^{12}_6$C) $^{255}_{102}$No (Nobelium) (Holleman und Wiberg 2007f):

$$^{249}_{98}\text{Cf} + ^{12}_6\text{C} \rightarrow 2^1_0\text{n} + ^4_2\text{He}(\alpha) + ^{255}_{102}\text{No}$$

Im Oktober 2006 erschien die Veröffentlichung, dass durch den Beschuss von $^{249}_{98}$Cf mit $^{48}_{20}$Ca Kerne des bisher schwersten Elementes Ununoctium (Ordnungszahl: 118) erzeugt wurden.

5.14 Einsteinium

Symbol	Es
Ordnungszahl	99
CAS-Nr.	7429-92-7

Aussehen	Silbrig, blaues Leuchten	Einsteinium, 0,3 mg $^{253}_{99}$Es (Haire 2006b)
Farbe von Es^{3+} aq.	Blassrosa	
Entdecker, Jahr	Seaborg et al. (USA), 1954	

Wichtige Isotope [natürliches Vorkommen (%)]	Halbwertszeit (d)	Zerfallsart, -produkt
$^{252}_{99}$Es (synthetisch)	471,7 (α)	$\alpha > ^{248}_{97}$Bk $\blacklozenge$ $\varepsilon > ^{252}_{98}$Cf
$^{253}_{99}$Es (synthetisch)	20,47	$\alpha > ^{249}_{97}$Bk
$^{254}_{99}$Es (synthetisch)	275,7	$\alpha > ^{250}_{97}$Bk
$^{255}_{99}$Es (synthetisch)	39,8 (β^-)	β^- $^{255}_{100}$Fm $\blacklozenge$ α $^{251}_{97}$Bk

Atommasse (u)	252
Elektronegativität (Pauling)	1,3
Normalpotential (V; $Es^{3+} + 3\ e^- \rightarrow Es$)	$-1,91$
Atomradius (berechnet, pm)	(203)
Kovalenter Radius (pm)	Keine Angabe
Ionenradius (pm)	93 (Es^{3+})
Elektronenkonfiguration	[Rn] $7s^2\ 5f^{11}$
Ionisierungsenergie (kJ/mol), erste	619
Magnetismus	Paramagnetisch
Curie-Punkt $\blacklozenge$ Néel-Punkt (K)	Keine Angabe
Einfangquerschnitt Neutronen (barns)	160 ($^{253}_{99}$Es)
Kristallsystem	Kubisch-flächenzentriert
Dichte (g/cm³, bei 298 K)	8,84
Molares Volumen (m³/mol, bei 293 K)	$28,52 \cdot 10^{-6}$
Wärmeleitfähigkeit ([W/(m · K)])	10
Schmelzpunkt (°C $\blacklozenge$ K)	860 $\blacklozenge$ 1133
Sublimationswärme (kJ/mol)	142
Siedepunkt (°C $\blacklozenge$ K)	996 $\blacklozenge$ 1269

Gewinnung Die Explosion der ersten amerikanischen Wasserstoffbombe Ivy Mike am 1. November 1952 auf dem Eniwetok-Atoll setzte neben anderen Transuranen auch Spuren von Einsteinium frei. Diese konnten auf Filterpapieren, die beim Durchfliegen durch die Explosionswolke mitgeführt wurden, gesammelt werden. Größere Mengen isolierte man später aus Korallen, die in der Nähe des Atolls wachsen. Aus Gründen der militärischen Geheimhaltung wurden die Ergebnisse zunächst nicht publiziert (Ghiorso 2003).

Aus einer ersten Analyse der Überreste der Explosion ergab sich die Bildung des damals neuen Isotops $^{244}_{94}$Pu, das nur durch Aufnahme von sechs Neutronen durch einen $^{238}_{92}$U-Kern und zwei darauf folgende β⁻-Zerfälle entstanden sein konnte.

Dieses Resultat führte zu der Voraussage, dass Urankerne in der Lage sind, viele Neutronen einfangen können, was zur Entstehung von Nukliden höherer Elemente führt (Ghiorso 2003).

Die Trennung der verschiedenen bei der Explosion gebildeten und dann in die wässrige Phase überführten Actinoidionen erfolgte im schwach sauren Medium (pH ≈ 3,5, gepuffert mit Zitronensäure/Ammoniumcitrat) unter Einsatz von Ionenaustauschern bei erhöhter Temperatur. Von Einsteinium fand man zuerst das Isotop $^{253}_{99}$Es, einen intensiven α-Strahler (6,6 MeV), das durch Einfangen von 15 Neutronen aus $^{238}_{92}$U, gefolgt von sieben β⁻-Zerfällen, gebildet wird (Ghiorso 2003).

Auch Einsteinium kann noch durch Beschuss leichterer Actinoidkerne mit Neutronen im Kernreaktor gewonnen werden. Heutzutage sind messbare Mengen leichter im 85 MW High-Flux-Isotope Reactor am Oak Ridge National Laboratory in Tennessee, USA, zugänglich, wo man auf die Herstellung höherer Transurankerne spezialisiert ist.

1961 konnte man dort 10 μg des Isotops $^{253}_{99}$Es synthetisieren, das man gleich zur Erzeugung von Mendeleviumisotopen (OZ: 101) verwendete. Weitere wägbare Mengen konnten im Oak Ridge National Laboratory durch Beschuss von $^{239}_{94}$Pu mit Neutronen hergestellt werden (Seaborg et al. 2000). Aus 1 kg Plutonium erhielt man nach vier Jahren (!) Dauerbestrahlung und nachfolgender Trennung der Nuklide verschiedener Ordnungszahl die Menge von 3 mg Einsteinium. In diesem Isotopengemisch identifizierte man vier Isotope, angegeben sind die damals ermittelten Halbwertszeiten des jeweilig dominierenden Zerfalls:

$$^{253}_{99}\text{Es}\left[\alpha\left(20,03\text{ d}\right)\text{und SF}\left(\text{Spontanspaltung}\right)\right],$$

$$^{254\text{m1}}_{99}\text{Es}\left[\beta^-\left(38,5\text{ h}\right)\right],\ ^{254}_{99}\text{Es}\left[\alpha\left(320\text{ d}\right)\right]\text{und }^{255}_{99}\text{Es}\left[\beta^-\left(24\text{ d}\right)\right].$$

Mittlerweile sind mehrere weitere Isotope des Elements bekannt. $^{248}_{99}$Es [ε (25 min)] erhielt man beim Beschuss von $^{249}_{98}$Cf mit Deuterium ($^{2}_{1}$H) (Chetham-Strode und Holm 1956).

$^{249}_{99}$Es, $^{250}_{99}$Es, $^{251}_{99}$Es und $^{252}_{99}$Es konnte man durch Beschuss von $^{249}_{97}$Bk mit α-Teilchen ($^{4}_{2}$He) darstellen (Thompson 1956b).

Das Isotop $^{253}_{99}$Es ist am leichtesten zugänglich, weswegen es vorrangig für Bestimmungen der chemischen Eigenschaften verwendet wird, obwohl es nicht das langlebigste ist. Erzeugt wird es durch Bestrahlung von $^{252}_{98}$Cf mit thermischen Neutronen (Smirnov et al. 1985).

Einsteiniummetall erhält man durch Reaktion von Einsteinium-III-fluorid mit Lithium (Cunningham und Parsons 1971) oder von Einsteinium-III-oxid mit Lanthan (Haire und Baybarz 1979).

$$EsF_3 + 3\ Li \rightarrow Es + 3\ LiF$$

$$Es_2O_3 + 2\ La \rightarrow 2\ Es + La_2O_3$$

Eigenschaften Einsteinium steht mit seiner Ordnungszahl 99 in der Reihe der Actinoide; sein Analogon in der Reihe der Lanthanoide ist das Holmium. Die an seiner erstmaligen Synthese beteiligten Arbeitsgruppen geben in (Seaborg et al. 1955b) eine Beschreibung der Eigenschaftsdaten, die man seinerzeit bestimmen konnte.

Einsteinium ist ein künstlich erzeugtes, radioaktives Metall mit einem Schmelzpunkt von 860 °C, einem Siedepunkt von 996 °C und einer Dichte von 8,84 g/cm^3 (Haire 1990). Es kristallisiert kubisch dichtest/flächenzentriert (Raumgruppe Fm3m, Stapelfolge ABC). Die Radioaktivität des Elements ist derart stark, dass dadurch das Metallgitter geschwächt oder zerstört wird (Haire und Baybarz 1979), wofür die niedrige Dichte und die relativ tiefen Schmelz- und Siedepunkte sprechen. Das Metall ist divalent und bei erhöhter Temperatur sogar flüchtig (Haire et al. 1984). Die von $^{253}_{99}$Es abgestrahlte Wärmeenergie beträgt 1000 (!) W/g.

Die chemischen Eigenschaften des Metalls wurden bereits 1954 von Seaborgs Arbeitskreis beschrieben (Ghiorso et al. 1954; Seaborg et al. 1954a, b). Einsteinium ist wie die anderen Actinoide chemisch sehr reaktionsfähig. In wässriger Lösung ist die dreiwertige Oxidationsstufe am stabilsten, es sind aber auch Verbindungen mit Einsteinium in der Oxidationsstufe +2 bekannt. Zweiwertige Verbindungen konnten bereits als Feststoffe dargestellt werden. Wässrige Lösungen mit Es^{3+}-Ionen haben eine blassrosa Farbe (Holleman und Wiberg 2007a).

Verbindungen Das kubisch-raumzentriert kristallisierende Einsteinium-III-oxid (Es_2O_3) konnte man durch Glühen des Nitrats in Submikrogramm-Mengen erhalten (Haire und Baybarz 1973).

Von den Oxihalogeniden sind bis auf das Fluorid alle bekannt (Fellow et al. 1981).

Halogenide sind für die Oxidationsstufen +2 und +3 beschrieben (Fellow et al. 1981). Die Halogenide EsX_3 sind auch in wässriger Lösung stabil.

Einsteinium-III-fluorid (EsF_3) kann aus Lösungen von Einsteinium-III-chlorid durch Zugabe von ausgefällt oder auch aus Einsteinium-III-oxid durch Umsetzung mit ClF_3 oder F_2 bei erhöhtem Druck und Temperaturen oberhalb von 300 °C erzeugt werden (Peterson et al. 1978). Einsteinium-III-chlorid ($EsCl_3$) ist orangefarben und fest (Peterson et al. 1969). $EsBr_3$ ist ein weißgelber (Haire et al. 1975) und EsI_3 ein bernsteinfarbener Feststoff (Haire 1978).

Anwendungen Einsteinium wird zur Erzeugung höherer Transurane und Transactinoide eingesetzt. Da überhaupt nur Kleinstmengen des Metalls erzeugt werden können, beschränkt sich sein Einsatz auf Studienzwecke.

5.15 Fermium

Symbol	Fm		
Ordnungszahl	100		
CAS-Nr.	7440-72-4		

Aussehen	Noch nicht erzeugt	Fermium-Ytterbium-Legierung (Lewis)	
Farbe von Fm^{3+} aq.	Keine Angabe		
Entdecker, Jahr	Ghiorso et al. (USA), 1955		
Isotop [natürl. Vork. (%)]	Halbwertszeit	Zerfallsart, -produkt	
$^{253}_{100}$Fm (synthetisch)	3,00 d (ε)	$\varepsilon > ^{253}_{99}Es \blacklozenge \alpha > ^{249}_{98}Cf$	
$^{254}_{100}$Fm (synthetisch)	3,24 h	$\alpha > ^{250}_{98}Cf$	
$^{255}_{100}$Fm (synthetisch)	20,07 h	$\alpha > ^{251}_{98}Cf$	
$^{257}_{100}$Fm (synthetisch)	100,5 d	$\alpha > ^{253}_{98}Cf$	
Massenanteil in der Erdhülle (ppm)	–		
Atommasse (u)	257,095		
Elektronegativität (Pauling)	1,3		
Normalpotential (V; $Fm^{3+} + 3 e^- \rightarrow Fm$)	−1,96 (berechnet)		

Atomradius (berechnet, pm)	(198)
Elektronenkonfiguration	[Rn] $7s^2 5f^{12}$
Ionisierungsenergie (kJ/mol), erste	627
Magnetismus	Paramagnetisch
Einfangquerschnitt Neutronen (barns)	5800 (^{257}Fm)
Kristallsystem	Keine Angabe
Dichte (g/cm³, bei 298 K)	8,84 (geschätzt)
Molares Volumen (m³/mol, bei 293 K)	$29,08 \cdot 10^{-6}$
Schmelzpunkt (°C ♦ K)	852 ♦ 1125
Sublimationswärme (kJ/mol)	142
Siedepunkt (°C ♦ K)	Keine Angabe

Gewinnung Die Entdeckung des Fermiums erfolgte erstmals in kontaminierten Korallen des Eniwetok-Atolls, auf dem Versuche mit Atombomben durchgeführt wurden. Nach Überführung der Actinoidionen in die wässrige Phase wurden diese mit Hilfe von Ionenaustauschern in citratgepufferter Lösung voneinander getrennt. Unter den so isolierten Ionen befand sich auch ein sehr intensiver α-Strahler (7,1 MeV) sehr kurzer Halbwertszeit (ca. 1 d). Daher und aufgrund seines Elutionsverhaltens wurde es zu $^{255}_{100}$Fm bestimmt (Ghiorso 2003).

Im Oak Ridge National Laboratory bestrahlte man größere Mengen an Curium. Dabei entstanden Californium (mehrere 100 mg), Berkelium und Einsteinium (einige mg) sowie einige pg an Fermium (Porter et al. 1997; Haire et al. 2003). Die bei Explosionen von Atombomben entstehenden Mengen an Fermium bewegen sich um einige mg. 40 pg $^{257}_{100}$Fm isolierte man aus 10 kg der Explosionsreste aus dem Hutch-Bombentest vom 16. Juli 1969 (Hoff und Hulet 1970).

Nach der Bestrahlung wird Fermium durch Ionenaustauschchromatographie von den anderen bei der Bestrahlung gebildeten Actinoiden getrennt. Die Elution erfolgt mit einer Lösung von Ammonium-α-hydroxyisobuttersäuremethylester (Hoff und Hulet 1970; Thompson et al. 1956a). Kleinere Kationen wie auch Fm^{3+} bilden stabilere Komplexe mit den α-Hydroxyisobuttersäuremethylester-Anionen, daher werden sie bevorzugt von der Säule eluiert (Silva). Eine schnelle fraktionierte Kristallisationsmethode beschreibt ein russischer Arbeitskreis (Kulyukhin 1983).

Obwohl $^{257}_{100}$Fm mit einer Halbwertszeit von ca. 100 d das stabilste Fermiumisotop ist, wird meist mit $^{255}_{100}$Fm gearbeitet. Jenes ist zwar mit einer Halbwertszeit von etwa 20 h viel kurzlebiger, jedoch kann es leicht als β⁻-Zerfallsprodukt des $^{255}_{99}$Es gewonnen werden (Silva).

Eigenschaften Sämtliche bisher bekannten 19 Nuklide und 3 Kernisomere sind radioaktiv, mit zum Teil sehr kurzen Halbwertszeiten. Am stabilsten ist noch

$^{257}_{100}$Fm mit einer Halbwertszeit von 100,5 d. Die bisher beobachteten Massen-zahlen reichen von 242 bis 260 (Audi et al. 2003).

Als Fermiumbarriere bezeichnet man das Phänomen, dass die Fermiumisotope $^{258}_{100}$Fm, $^{259}_{100}$Fm und $^{260}_{100}$Fm nach sehr kurzer Zeit durch Spontanspaltung zer-fallen. Zudem ist $^{257}_{100}$Fm ein α-Strahler und zerfällt zu $^{253}_{98}$Cf. Auch erleidet kein bislang bekanntes Isotop des Fermiums einen β-Zerfall (Audi et al. 2003). Dies verhindert, dass mit Hilfe von Neutronenstrahlung, zum Beispiel im Kernreaktor, Elemente mit höheren Ordnungszahlen als 100 bzw. Massenzahlen größer als 257 erzeugt werden können. Fermium ist daher das schwerste Element, das noch durch Neutroneneinfang hergestellt werden kann. Jedes Zufügen weiterer Neutronen zu einem Fermiumnuklid führt zu einer Spontanspaltung.

Das Metall wurde bislang nicht dargestellt, dagegen führte man Messungen an Legierungen mit Lanthanoiden durch, und schließlich liegen einige Berechnun-gen oder Vorhersagen vor. Die Sublimationsenthalpie – die direkt mit der Valenz-elektronenstruktur des Metalls korreliert – von Fermium wurde direkt durch Mes-sung des Partialdrucks des Fermiums über Fm-Sm- und Fm/Es-Yb-Legierungen im Temperaturbereich von 642 bis 905 K bestimmt. Es ergab sich ein Wert von 142(13) kJ/mol. Da die Sublimationsenthalpie von Fermium in ähnlicher Größen-ordnung liegt wie die der ebenfalls mit der Oxidationszahl 2 auftretenden Elemente Einsteinium, Europium und Ytterbium, nimmt man an, dass Fermium ebenfalls Ionen dieser Oxidationszahl bilden kann. vorliegt. Vergleiche mit Radien und Schmelzpunkten von Europium-, Ytterbium- und Einsteinium-Metall führten zu Schätzwerten von 198 pm und 1125 K für Fermium (Silva 2006).

Das Normalpotential für das Fm^{3+}/Fm-Paar wurde zu $-1,96$ V berechnet, also dürfte Fermium wie die anderen Actinoide sehr unedel und ziemlich reaktionsfä-hig sein. Für das Redoxpaar Fm^{3+}/Fm^{2+} schätzte man das Redoxpotenzial ähnlich zum Ytterbium Yb^{3+}/Yb^{2+}-Paar ein, mit einem Wert von ca. $-1,15$ V (Podorozhnyi et al. 1977); ein Wert, der mit theoretischen Berechnungen übereinstimmt (Nugent 1975). Polarographische Untersuchungen ergaben für das Fm^{2+}/Fm-Redoxpaar ein Normalpotential von $-2,37$ V (Hobart et al. 1979).

Verbindungen Feste Verbindungen des Fermiums konnte man noch nicht darstel-len, die bisher erhaltenen Ergebnisse beziehen sich auf die Chemie des Fermiums in Lösung. Meist liegt das Metall dabei als Fm^{3+}-Ion vor. Das im Vergleich zu den anderen An^{3+}-Kationen (Actinoidkationen) kleine Fm^{3+} bildet Komplexe mit vielen organischen Liganden, die oft stabiler sind als die der vorhergehenden Acti-noide (Silva 2006).

Anwendungen Fermium bzw. seine Verbindungen werden, wenn überhaupt und dann in extrem geringen Mengen, zu Studienzwecken gewonnen. Zur Zeit können daher noch keine möglichen Anwendungen diskutiert werden.

5.16 Mendelevium

Symbol	Md		
Ordnungszahl	101		
CAS-Nr.	7440-11-1		
Aussehen	Noch nicht dargestellt		
Farbe von Md^{3+} aq.	Keine Angabe		
Entdecker, Jahr	Seaborg, Ghiorso, Harvey, Choppin, Thompson (USA), 1955		
Isotop [natürl. Vork. (%)]	Halbwertszeit (d)	Zerfallsart, -produkt	
$^{258}_{101}$Md (synthetisch)	51,5	$\alpha > {}^{254}_{99}$Es	
$^{260}_{101}$Md (synthetisch)	27,8 (α)	$\alpha > {}^{256}_{99}$Es ◆ $\beta^- > {}^{260}_{102}$No	
Atommasse (u)	258		
Elektronegativität (Pauling)	1,3		
Normalpotential (V; $Md^{3+} + 3\,e^- \rightarrow Md$)	−1,74 (berechnet)		
Atomradius (berechnet, pm)	(194)		
Ionenradius (pm)	90 (Md^{3+})		
Elektronenkonfiguration	[Rn] $7s^2\,5f^{13}$		
Ionisierungsenergie (kJ/mol), erste	658 (berechnet)		
Magnetismus	Paramagnetisch		
Einfangquerschnitt Neutronen (barns)	Keine Angabe		
Kristallsystem	Hexagonal		
Dichte (g/cm^3, bei 298 K)	Keine Angabe		
Molares Volumen (m^3/mol, bei 293 K)	Keine Angabe		
Schmelzpunkt (°C ◆ K)	827 ◆ 1100 (berechnet/geschätzt)		
Sublimationswärme (kJ/mol)	134–142 (geschätzt)		
Siedepunkt (°C ◆ K)	Keine Angabe		

Gewinnung Die Arbeitsgruppe der University of California in Berkeley um Seaborg erzeugte 1955 erstmals Kerne des Mendeleviums (Seaborg et al. 1955a) durch Beschuss von $^{253}_{99}$Es in einem Zyklotron mit beschleunigten α-Teilchen. Dabei entstand $^{256}_{101}$Md und ein Neutron:

$$^{253}_{99}\text{Es} + {}^4_2\text{He} \rightarrow {}^{256}_{101}\text{Md} + {}^1_0\text{n}$$

Eigenschaften Mendelevium mit der Ordnungszahl 101 steht in der Reihe der Actinoide, sein Vorgänger ist das Fermium, das ihm nachfolgende Element ist das Nobelium. Sein Analogon in der Reihe der Lanthanoide ist das Thulium.

Mendelevium ist ein radioaktives und sehr kurzlebiges Metall, wurde aber noch nicht in elementarer Form erzeugt. Das stabilste Isotop des Mendeleviums ist $^{258}_{101}$Md mit einer Halbwertszeit von ca. 51,5 d. Es zerfällt zu $^{254}_{99}$Es durch Alphazerfall. In monovalenter Form wurde es bisher nicht beobachtet; sehr wahrscheinlich ist auch hier das trivalente Kation (Md^{3+}) am stabilsten (Hulet et al. 1979; Hobart et al. 1979).

5.17　Nobelium

Symbol	No		
Ordnungszahl	102		
CAS-Nr.	10028-14-5		
Aussehen	Noch nicht dargestellt		
Farbe von No^{3+} aq.	Keine Angabe		
Entdecker, Jahr	Flerov et al. (Sowjetunion), 1958 Ghiorso et al. (USA), 1968		
Isotop [natürl. Vork. (%)]	Halbwertszeit (a)	Zerfallsart, -produkt	
$^{257}_{102}$No (synthetisch)	25 s	$\alpha > {}^{253}_{100}$Fm	
$^{259}_{102}$No (synthetisch)	58 min (α)	$\alpha > {}^{255}_{100}$Fm	
Atommasse (u)	259		
Elektronegativität (Pauling)	1,3		
Normalpotential (V; $No^{3+} + 3\ e^- \rightarrow No$)	−1,26 (geschätzt)		
Atomradius (berechnet, pm)	(197)		
Ionenradius	95 (No^{3+})		
Elektronenkonfiguration	[Rn] $7s^2\ 5f^{14}$		
Ionisierungsenergie (kJ/mol), erste	642		
Magnetismus	Paramagnetisch		
Einfangquerschnitt Neutronen (barns)	Keine Angabe		
Kristallsystem	Keine Angabe		
Dichte (g/cm³, bei 298 K)	Keine Angabe		
Molares Volumen (m³/mol, bei 293 K)	Keine Angabe		
Schmelzpunkt (°C ♦ K)	827 ♦ 1100 (geschätzt)		
Sublimationswärme (kJ/mol)	126 (geschätzt)		
Siedepunkt (°C ♦ K)	Keine Angabe		

Gewinnung Die Entdeckung von Nukliden des Elements 102 beanspruchte erstmals 1957 eine internationale Gruppe um Friedman (USA), Milsted (Vereinigtes Königreich) und Åström (Fields und Friedman 1957). 1958 reklamierte der Arbeitskreis um Seaborg in Berkeley die Entdeckung des Isotops $^{254}_{102}$No (Seaborg et al. 1958). Zur gleichen Zeit informierte die sowjetische Arbeitsgruppe um Flerov die Entdeckung von Nukliden des Nobeliums, ohne deren Massenzahlen anzugeben (Flerov et al. 1968). 1964 wurde, ebenfalls aus der damaligen Sowjetunion (Dubna), die Erzeugung des Isotops $^{256}_{102}$No gemeldet (Ermakov et al. 1964). Erst 1968 jedoch konnten in Berkeley etwa 3000 Atome $^{255}_{102}$No aus $^{249}_{98}$Cf und $^{12}_{6}$C erzeugt werden (Binder 1999a; Holleman et al. 2007d).

$$^{249}_{98}Cf + ^{12}_{6}C \rightarrow 2\,^{1}_{0}n + ^{4}_{2}He + ^{255}_{102}No$$

Eigenschaften Nobelium ist ein ausschließlich künstlich erzeugtes chemisches Element, das in der Gruppe der Actinoide steht. Sein Analogon in der Reihe der Lanthanoide ist das Ytterbium. Nobelium und seine Verbindungen sind stark radioaktiv; das metallische Element konnte man wegen der extrem geringen verfügbaren Mengen noch nicht darstellen.

Verbindungen Seit Ende der 1960er Jahre wurden vereinzelt Untersuchungen an Spurenmengen des Elements durchgeführt, deren Ergebnisse in (Ghiorso et al. 1968) und (Nagame et al. 2009) aufgeführt sind.

5.18 Lawrencium

Symbol	Lr		
Ordnungszahl	103		
CAS-Nr.	22537-19-5		
Aussehen	Noch nicht dargestellt		
Farbe von Lr^{3+} aq.	Keine Angabe		
Entdecker, Jahr	Ghiorso et al. (USA), 1961		
Isotop [natürl. Vork. (%)]	Halbwertszeit	Zerfallsart, -produkt	
$^{262}_{103}$Lr (synthetisch)	3,6 h	$\beta^{-} > ^{262}_{102}$No	
$^{260}_{103}$Lr (synthetisch)	2,7 min	$\alpha > ^{256}_{102}$Md	
Atommasse (u)	266		
Elektronegativität (Pauling)	Keine Angabe		
Normalpotential (V; Lr^{3+} + 3 e^{-} → Lr)	−2,06 (geschätzt)		
Atomradius (berechnet, pm)	(171)		

Ionenradius (pm)	88 (Lr^{3+}) (berechnet)
Elektronenkonfiguration	[Rn] $7s^2$ $6d^1$ $5f^{14}$
Ionisierungsenergie (kJ/mol), erste	444
Magnetismus	Paramagnetisch
Einfangquerschnitt Neutronen (barns)	Keine Angabe
Kristallsystem	Hexagonal (geschätzt)
Dichte (g/cm³, bei 298 K)	Keine Angabe
Molares Volumen (m³/mol, bei 293 K)	Keine Angabe
Schmelzpunkt (°C ◆ K)	1627 ◆ 1900 (geschätzt)
Sublimationswärme kJ/mol)	352 (geschätzt)
Siedepunkt (°C ◆ K)	Keine Angabe

Gewinnung Lawrencium wurde 1961 erstmals von den amerikanischen Wissenschaftlern Ghiorso, Sikkeland, Larsh und Latimer dargestellt, indem sie Isotope des Californiums mit Bor-Kernen beschossen (Ghiorso et al. 1961). Am 14. Februar 1961 veröffentlichten sie den Syntheseweg, der zur Entdeckung des neuen Elements führte (Periodensystem-online.de):

$$^{249-252}_{98}\text{Cf} + {}^{10-11}_{5}\text{B} \rightarrow {}^{257}_{103}\text{Lr} + \text{x}\,{}^{1}_{0}\text{n}$$

Eigenschaften Lawrencium ist ein nur auf künstlichem Wege erzeugtes chemisches Element mit dem Elementsymbol Lr und der Ordnungszahl 103. Es steht in der Gruppe der Actinoide und zählt zu den Transuranen. Sein Vorgänger ist das Nobelium, das nachfolgende Element ist das Rutherfordium, das aber (als „Eka-Hafnium") schon zu den Transactinoiden gehört und ein d-Gruppen-Element ist. Sein Analogon in der Reihe der Lanthanoide ist das Lutetium, das die Reihe der Lanthanoide abschließt.

Alle bisher bekannten zehn Isotope des Lawrenciums sind radioaktiv mit sehr kurzen Halbwertszeiten (wenige Sekunden bis 11 h). Als Metall konnte man es bislang nicht darstellen. Über weitere Eigenschaften liegen keine Erkenntnisse vor, da die geringe Halbwertszeit empirische Studien kaum möglich macht.

Literaturverzeichnis/zum Weiterlesen

P. L. Arnold et al., Pentavalent uranyl complexes. Coord. Chem. Rev. **253**(15–16), 1973–1978 (2009)

ARQ Contributors, *Plutonium Processing at Los Alamos*, Actinide Research Quarterly (3rd quarter, 2008), United States Department of Energy (2008)

L. B. Asprey et al., A New Valence State of Americium, Am(VI). J. Am. Chem. Soc. **72**(3), 1425–1426 (1950)

L. B. Asprey et al., Evidence for Quadrivalent Curium. X-ray data on curium oxides. J. Am. Chem. Soc. **77**(6), 1707–1708 (1955)

L. B. Asprey et al., Hexavalent Americium. J. Am. Chem. Soc. **73**(12), 5715–5717 (1951)

G. Audi et al., The NUBASE evaluation of nuclear and decay properties. Nucl. Phys. A **729**, 3–128 (2003)

R. D. Baybarz, The berkelium oxide system. J. Inorg. Nucl. Chem. **30**(7), 1769–1773 (1968)

Bayerisches Staatsministerium für Umwelt, Gesundheit und Verbraucherschutz, *Radioaktivität und Strahlungsmessung*, S. 187, 8. überarbeitete Auflage (April 2006)

H. H. Binder, *Lexikon der chemischen Elemente* (S. Hirzel Verlag, Stuttgart, 1999a). ISBN 3-7776-0736-3

H. H. Binder, *Lexikon der chemischen Elemente* (S. Hirzel Verlag, Stuttgart, 1999b), S. 174–178. ISBN 3-7776-0736-3

H. H. Binder, *Lexikon der chemischen Elemente* (S. Hirzel Verlag, Stuttgart, 1999c), S. 18–23. ISBN 3-7776-0736-3 (Bionerd, Berlin, Deutschland)

H. H. Binder, *Lexikon der chemischen Elemente* (S. Hirzel Verlag, Stuttgart, 1999d), S. 469–476. ISBN 3-7776-0736-3

A. R. Boulogne, J. P. Faraci, United States Patent 3627691, *A method of preparing a Californium-252 Neutron Source*, Atomic Energy Commission, USA (1970)

G. Brauer, *Handbuch der Präparativen Anorganischen Chemie*, Bd. II, 3., umgearb. Auflage (Enke-Verlag, Stuttgart, 1978), S. 1293. ISBN 3-432-87813-3

BREDL (Blue Ridge Environmental Defense League), *Southern anti-plutonium campaign*, Glendale Springs, NC 28629, USA

J. H. Burns et al., Crystallographic Studies of some Transuranic Trihalides: $^{239}PuCl_3$, $^{244}CmBr_3$, $^{249}BkBr_3$ and $^{249}CfBr_3$. J. Inorg. Nucl. Chem. **37**(3), 743–749 (1975)

Canon Corp., Permalink Thorium in Kameraobjektiven (in englischer Sprache). http://www.billead.com/canonfl/#radioactivity

© Springer Fachmedien Wiesbaden 2015

H. Sicius, *Radioaktive Elemente: Actinoide*, essentials,
DOI 10.1007/978-3-658-09829-2

A. Chetham-Strode, L. W. Holm, New Isotope Einsteinium-248. Phys. Rev **104**(5), 1314 (1956)

J. S. Coleman et al., Preparation and Properties of Americium(VI) in Aqueous Carbonate Solutions. Inorg. Chem. **2**(1), 58–61 (1963)

B. B. Cunningham, T. C. Parsons, USAEC Doc. UCRL-20426, S. 239 (1971)

B. B. Cunningham, J. C. Wallmann, Crystal structure and melting point of curium metal. J. Inorg. Nucl. Chem. **26**(2), 271–275 (1964)

H. A. Das, J. Zonderhuis, H. W. Marel, Scandium in rocks, minerals and sediments and its relations to iron and aluminium. Contrib. Mineral. Petrol. **32**, 231–244 (1971)

A.-L. Debierne, Sur une nouvelle matière radio-active. Comptes Rendus **129**, 593–595 (1899)

A.-L. Debierne, Sur un nouvel élément radio-actif: l'actinium. Comptes rendus **130**, 906–908 (1900)

H. Dias et al., *Critical Mass Calculations for 241Am, 242mAm and 243Am*, S. 618–623, Nippon Genshiryoku Kenkyujo JAERI Conference (2003)

J. Emsley, *Nature's building blocks: An A-Z guide to the elements* (Oxford University Press, Oxford, 2001), S. 347–349. ISBN 0-19-850340-7

D. D. Ensor et al., Absorption spectrophotometric study of berkelium (III) and (IV) fluorides in the solid state. J. Inorg. Nucl. Chem. **43**(5), 1001–1003 (1981)

V. A. Ermakov et al., Synthesis of the element 102 of mass number 256. Atomic Energy **16**(3), 233–245 (1964)

V. T. Ermishev et al., Soviet radiochemistry. Engl. Transl. **28**, 401 (1986)

I. D. Eubanks, M. C. Thompson, Preparation of curium metal. Inorg. Nucl. Chem. Lett. **5**(3), 187–191 (1969)

European Commission, Joint Research Centre, Institute for Transuranium elements, Karlsruhe, Deutschland, © European Atomic Energy Community (2015)

Federation of American Scientists, Uranium Production, Washington, DC 20036–4413

P. R. Fields, A. M. Friedman, (Argonne National Laboratory, Lemont, IL, USA); J. Milsted (Atomic Energy Research Establishment, Harwell, Vereinigtes Königreich); B. Åström et al. (Nobel Institute of Physics, Stockholm, Schweden), Production of the new element 102. Phys. Rev. **107**(5), 1460–1462 (1957)

R. L. Fellow et al., Chemical consequences of radioactive decay. 2. Spectrophotometric study of the ingrowth of berkelium-249 and Californium-249 into Halides of Einsteinium-253. Inorg. Chem. **20**(11), 3979–3983 (1981)

G. N. Flerov et al., Synthesis and investigation of element 102. Atomic energy **24**(1), 3–15 (1968)

Florida Spectrum Environmental Services, Inc., *Spectrum Element Fact Sheet: Informationen zum Element Americium* bei. http://www.speclab.com (engl.), Fort Lauderdale, FL 33309, USA, letzter Zugriff 8. Oktober 2008

R. D. Fowler et al., Superconductivity of Protactinium. Phys. Rev. Lett. **15**(22), 860–862 (1965)

S. Fried et al., The Preparation and Identification of some pure Actinium Compounds. J. Am. Chem. Soc. **72**, 771–775 (1950)

F. Frisch, *Klipp und klar, 100 × Energie* (Bibliographisches Institut AG, Mannheim, 1977), S. 184. ISBN 3-411-01704-X

J. Fuger et al., A new determination of the Enthalpy of solution of berkelium metal and the standard Enthalpy of Formation of Bk^{3+}(aq). J. Inorg. Nucl. Chem. **43**(12), 3209–3212 (1981)

J. Fuger et al., The Enthalpy of Solution of Californium Metal and the Standard Enthalpy of Formation of Cf^{3+}(aq). J. Less Common. Metals **98**(2), 315–321 (1984)

S. Ganesan et al., A re-calculation of criticality property of [231] Pa using new nuclear data. Curr. Sci, **77**(5), 667–671 (1999)

A. Ghiorso, et al., Reactions of U238 with cyclotron-produced Nitrogen ions. Phys. Rev. **93**(1), 257 (1954)

A. Ghiorso et al., New element, Lawrencium, Atomic Number 103. Phys. Rev. Lett. **6**(9), 473–475 (1961)

Ghiorso A. et al., Nobelium, tracer chemistry of the divalent and trivalent ions. Science **160**(3832), 1114–1115 (1968)

A. Ghiorso, Einsteinium and Fermium, Lawrence Berkeley National Laboratory, Berkeley, CA, USA, Chemical & Engineering News, Copyright © 2003 American Chemical Society (2003a), http://pubs.acs.org/cen/80th/einsteiniumfermium.html

A. Ghiorso, Einsteinium and Fermium, Lawrence Berkeley National Laboratory, Berkeley, CA, USA, Chemical & Engineering News, Copyright © 2003 American Chemical Society (2003b), http://pubs.acs.org/cen/80th/einsteiniumfermium.html

Gmelins Handbuch der anorganischen Chemie, System Nr. 71, Bd. 7 a, Transurane, Teil B 1, S. 67–68

Gmelins Handbuch der anorganischen Chemie, System Nr. 71, Bd. 7 a, Teil A 2, S. 289, *Transurane*

Gmelins Handbuch der anorganischen Chemie, System Nr. 71, Transurane, Teil B 1, S. 57–67

N. N. Greenwood, A. Earnshaw, *Chemie der Elemente*. (VCH Verlagsgesellschaft, 1. Aufl. (1988). ISBN 3-527-26169-9

A. von Grosse, Element 91. Science **80**(2084), 512–516 (1934a)

A. von Grosse, Metallic element 91. J. Am. Chem. Soc. **56**(10), 2200–2201 (1934b)

A. von Grosse, Zur Herstellung von Protactinium. Ber. der deutschen chemischen Ges. **68**(2), 307–309 (1935)

K. A. Gschneider, L. R. Eyring, *Handbook of physics and chemistry of rare earths*, Bd. 21 (1995)

R. G. Haire, ORNL Report 5485, Oak Ridge National Laboratory (ORNL) (1978)

R. G. Haire, R. D. Baybarz, Identification and analysis of Einsteinium Sesquioxide by electron diffraction. J. Inorg. Nucl. Chem. **35**(2), 489–496 (1973)

R. G. Haire, R. D. Baybarz, Crystal Structure and Melting Point of Californium Metal. J. Inorg. Nucl. Chem. **36**(6), 1295–1302 (1974)

R. G. Haire, R. D. Baybarz, Studies of einsteinium metal. J. de Phys. Colloq. **40**(C4), 101–102 (1979)

R. G. Haire, et al., X-ray diffraction and spectroscopic studies of crystalline einsteinium-III-bromide, 253EsBr3. Inorg. Nucl. Chem. Lett. **11**(11), 737–742 (1975)

R. G. Haire et al., Stabilization of Californium(II) in the Solid State: Californium Dichloride, 249CfCl2. Radiochem. Radioanal. Lett. **31**, 277–282 (1977)

R. G. Haire, et al., Henry's Law vaporization studies and thermodynamics of einsteinium -253 metal dissolved in ytterbium. J. Chem. Phys. **81**, 473–477 (1984)

R. G. Haire, *Properties of the Transplutonium Metals (Am–Fm)*, Metals Handbook, Bd. 2, 10th edition, ASM International, Materials Park, OH, USA, 1198–1201 (1990)

R. G. Haire et al., First observation of atomic levels for the element fermium (Z = 100). Phys. Rev. Lett. **90**(16), 163002 (2003)

R. G. Haire, *The Chemistry oft the actinide and transactinide elements* (Springer-Verlag, Dordrecht, 2006a), S. 1518

R. G. Haire, *The chemistry of the actinide and transactinide elements* (Springer-Verlag, Dordrecht, 2006b), S. 1580

C. R. Hammond, *The elements*, Handbook of Chemistry and Physics, 81st Aufl. (CRC Press, 2000). ISBN 0-8493-0481-4

F. Hecht, M. K. Zacherl, *Handbuch der Mikrochemischen Methoden.* (Springer-Verlag, Wien, 1955)

D. E. Hobart et al., Electrochemical study of mendelevium in aqueous solution: No evidence for monovalent ions. J. Inorg. Nucl. Chem. **41**(12), 1749–1754 (1979)

R. W. Hoff, E. K. Hulet, Engineering with nuclear explosives. 2, S. 1283–1294 (1970)

D. C. Hoffman et al., Detection of Plutonium-244 in Nature. Nature **234**, 132–134 (1971)

K. Hoffmann, *Kann man Gold machen? Gauner, Gaukler und Gelehrte. Aus der Geschichte der chemischen Elemente* (Urania-Verlag, Leipzig, 1979), S. 233

A. F. Holleman, N. Wiberg, *Lehrbuch der Anorganischen Chemie*, 102. Aufl. (De Gruyter, Berlin 2007a), S. 1956. ISBN 978-3-11-017770-1

A. F. Holleman, N. Wiberg, *Lehrbuch der Anorganischen Chemie*, 102. Aufl. (De Gruyter, Berlin, 2007b), S. 1950. ISBN 978-3-11-017770-1

A. F. Holleman, N. Wiberg, *Lehrbuch der Anorganischen Chemie*, 102. Aufl. (De Gruyter, Berlin, 2007c), S. 1980–1981. ISBN 978-3-11-017770-1

A. F. Holleman, N. Wiberg, *Lehrbuch der Anorganischen Chemie*, 102. Aufl. (De Gruyter, Berlin, 2007d), S. 1972. ISBN 978-3-11-017770-1

A. F. Holleman, N. Wiberg, *Lehrbuch der Anorganischen Chemie*, 102. Aufl. (De Gruyter, Berlin, 2007e), S. 1969. ISBN 978-3-11-017770-1

A. F. Holleman, N. Wiberg, *Lehrbuch der Anorganischen Chemie*, 102. Aufl. (De Gruyter, Berlin, 2007f), S. 1954. ISBN 978-3-11-017770-1

A. F. Holleman, E. Wiberg, N. Wiberg, *Lehrbuch der Anorganischen Chemie*, 102. Aufl. (De Gruyter, Berlin, 2007a), S. 2149. ISBN 978-3-11-017770-1

A. F. Holleman, E. Wiberg, N. Wiberg, *Lehrbuch der Anorganischen Chemie*, 102. Aufl. (De Gruyter, Berlin, 2007b), S. 1972. ISBN 978-3-11-017770-1

A. F. Holleman, E. Wiberg, N. Wiberg, *Lehrbuch der Anorganischen Chemie*, 102. Aufl. (De Gruyter, Berlin, 2007c), S. 1969. ISBN 978-3-11-017770-1

A. F. Holleman, E. Wiberg, N. Wiberg, *Lehrbuch der Anorganischen Chemie*, 102. Aufl. (De Gruyter, Berlin, 2007d), S. 1954. ISBN 978-3-11-017770-1

C.T. Horovitz, *Scandium its occurrence, chemistry physics, metallurgy, biology and technology* (Elsevier, 2012), S. 50. ISBN 032314451–9

E. K. Hulet et al., Non-observance of monovalent Md. J. Inorg. Nucl. Chem. **41**(12), 1743–1747 (1979)

Institut de Radioprotection et de Sûreté Nucléaire, *Evaluation of nuclear criticality safety data and limits for actinides in transport*, S. 16, www.irsn.fr, F-92260 Fontenay-aux-Roses, Frankreich

W. Jander, Über Darstellung von reinem Uran. Z. Anorganische Allgemeine Chemie, **138**(1), 321–329 (1924)

J. J. Katz, W. M. Manning, Chemistry of the actinide elements. Annu. Rev. Nucl. Sci. **1**, 245–262 (1952)

T. K. Keenan, First observation of aqueous tetravalent curium. J. Am. Chem. Soc. **83**(17), 3719–3720 (1961)

C. Keller, The chemistry of the Transuranium elements. (Verlag Chemie, Weinheim, 1971), S. 544

L. Koch et al., *Verfahren zur Trennung von Stoffgemischen durch Lösungsmittelextraktion in wässrig/organischer Phase in Gegenwart von Laserstrahlung und dessen Anwendung zur Trennung von anorganischen und organischen Stoffgemischen*, EP 0542179 A1 vom (19. Mai 1993)

A. Kronenberg, PhD, Deutschland. http://www.kernchemie.de

S. A. Kulyukhin, High-speed method for the separation of fermium from actinides and lanthanides. Radiokhimiya **25**(2), 158–161 (1983)

R. G. Lange, W. P. Carroll, Review of recent advances of radioisotope power systems. Energy Convers. Manag. **49**(3), 393–401 (2008)

B. E. Lewis, Oak ridge national laboratory, TN, USA

Lexikon der Physik, (Springer-Verlag, Heidelberg, 1998)

D. R. Lide, CRC handbook of chemistry and physics: A ready-reference book of chemicals (CRC Press, 1993), S. 4–27. ISBN 084930595-0

D. R. Lide, CRC handbook of chemistry and physics, 78th Aufl. (CRC Press, Boca Raton, 1997–1998), S. 4–9

Los Alamos National Laboratories, http://pubs.acs.org/cen/80th/neptunium.html

Los Alamos Science, Plutonium – An element at odds with itself (2000). http://www.fas.org/sgp/othergov/doe/lanl/pubs/00818006.pdf

G. J. Lumetta et al., Curium, in: J. Fuger et al., The chemistry of the actinide and transactinide elements (Springer-Verlag, Dordrecht, 2006), S. 1397–1443. ISBN 1-4020-3555-1

M. R. MacDonald et al., Identification of the + 2 Oxidation State for Uranium in a crystalline molecular complex, [K(2.2.2-Cryptand)][(C$_5$H$_4$SiMe$_3$)$_3$U]. J. Am. Chem. Soc. **135**, 13310–13313 (2013)

R. C. Martin, J. H. Miller, *Applications of Californium-252 Neutron Sources in Medicine, Research, and Industry* (2002)

J. F. McManus et al., Collapse and rapid resumption of Atlantic meridional circulation linked to deglacial climate changes. Nature **428**, 834–837 (2004)

D. B. McWhan et al., Crystal structure, thermal expansion and melting point of Americium metal. J. Inorg. Nucl. Chem. **24**(9), 1025–1038 (1962)

Metallium Inc., Watertown, MA 02471. http://www.elementsales.com

T. W. Mihalisin et al., Crystalline electric field and structural effects in f-electron systems. (Plenum Press, New York, 1980), S. 269–274. ISBN 0-306-40443-5

J. U. Mondal et al., The Enthalpy of Solution of ^{243}Am Metal and the Standard Enthalpy of Formation of Am^{3+}(aq). Thermochim. Acta **116**, 235–240 (1987)

Y. Nagame et al., Oxidation of element 102, Nobelium, with Flow Electrolytic Column Chromatography on an Atom-at-a-Time Scale. J. Am. Chem. Soc. **131**(26), 9180–9181 (2009)

M. Noé, J. R. Peterson, *Preparation and study of elemental californium-249*, Proceedings of the Fourth international symposium on the transplutonium elements, Baden-Baden, 13.–17. September 1975, North-Holland Publ. Co., Amsterdam (1975)

L. J. Nugent, MTP Int. Rev. Sci., Inorg. Chem., Ser. One, 7, S. 195–219 (1975)

Oak Ridge National Laboratory, The chemistry of berkelium. Adv. Inorg Chem. Radiochem. **28**, 42 (1984). (Academic Press Inc., Orlando, FL, USA)

OECD Nuclear Energy Agency und Internationale Atomenergieorganisation, Uranium 2007: Resources, production and demand (OECD Publishing, 2008). ISBN 978-92-64-04768-6

S. Peggs et al., *Thorium Energy Futures*, Proceedings of IPAC (2012), New Orleans, Louisiana, USA

D. F. Peppard et al., Isolation of microgram quantities of naturally-occurring plutonium and examination of its isotopic composition. J. Am. Chem. Soc. **73**(6), 2529–2531 (1951)

Periodensystem-online.de, Die Geschichte des Lawrenciums. . Zugegriffen: 13. Februar 2011

J. R. Peterson, J. H. Burns, Preparation and crystal structure of californium oxyfluoride, CfOF. J. Inorg. Nucl. Chem. **30**(11), 2955–2958 (1968)

J. R. Peterson, B. B. Cunningham, Crystal structures and lattice parameters of the compounds of Berkelium I. Berkelium Dioxide and Cubic Berkelium Sesquioxide. Inorg. Nucl. Chem. Lett. **3**(9), 327–336 (1967)

J. R. Peterson, B. B. Cunningham, Crystal structures and lattice parameters of the compounds of Berkelium IV. Berkelium Trifluoride. J. Inorg. Nucl. Chem. **30**(7), 1775–1784 (1968a)

J. R. Peterson, B. B. Cunningham, Crystal structures and lattice parameters of the compounds of Berkelium II. Berkelium Trichloride. J. Inorg. Nucl. Chem. **30**(3), 823–828 (1968b)

J. R. Peterson, D. E. Hobart, The chemistry of berkelium, (Hrsg.) H. J. Eméléus: *Advances in inorganic chemistry and radiochemistry*, 28 (Academic Press, New York, 2006), S. 29–64. ISBN 0120236281

J. R. Peterson et al., The solution absorption spectrum of Es3+. Inorg. Nucl. Chem. Lett. **5**(4), 245–250 (1969)

J. R. Peterson et al., The crystal structures and lattice parameters of berkelium metal. J. Inorg. Nucl. Chem., **33**(10), 3345–3351 (1971)

J. R. Peterson et al., Spectrophotometric studies of transcurium element halides and oxyhalides in the solid state. J. Radioanal. Chem. **43**(2), 479–488 (1978)

J. R. Peterson et al., X-ray Diffraction Study of Californium Metal to 16 GPa. J. Less Common Metals. **93**(2), 353–356 (1983)

A. M. Podorozhnyi et al., Determination of oxidation potential of the pair Fm2+/Fm3+. Inorg. Nucl. Chem. Lett. **13**(12), 651–656 (1977)

C. E. Porter et al., Fermium Purification Using Teva™ Resin Extraction Chromatography. Sep. Sci. Technol. **32** (1–4), 83–92 (1997)

D. L. Raschella et al., First determination of the Enthalpy of solution of Californium Metal. Radiochim. Acta. **30**, 41–43 (1982)

Y. Ronen et al., A novel method for energy production using 242mAm as a nuclear fuel. Nucl. Technol. **129**(3), 407–417 (2000)

G. T. Seaborg, The Transuranium elements. Science **104**(2704), 379–386 (1946)

G. T. Seaborg et al., *The new element curium (Atomic Number 96)*, NNES PPR (National Nuclear Energy Series, Plutonium Project Record), Vol. 14 B, The Transuranium Elements: Research Papers, Paper No. 22.2, (McGraw-Hill Book Co., Inc., New York, 1949)

G. T. Seaborg et al., Chemical properties of berkelium. J. Am. Chem. Soc. **72**(6), 2798–2801 1950a

G. T. Seaborg et al., Chemical properties of berkelium. J. Am. Chem. Soc. **72**(10), 4832–4835 (1950b)

G. T. Seaborg et al., Element 97. Phys. Rev. **77**(6), 838–839 (1950c)

G. T. Seaborg et al., Element 98. Phys. Rev. **78**(3), 298–299 (1950d)

G. T. Seaborg et al., The new element berkelium (Atomic Number 97). Phys. Rev. **80**(5), 781–789 (1950e)

G. T. Seaborg et al., The new element Californium (Atomic Number 98). Phys. Rev. **80**(5), 790–796 (1950f)

G. T. Seaborg et al., *Chemical properties of elements 99 and 100*, Abstract, 23. Juli 1954a, Radiation Laboratory, University of California, Berkeley, CA, USA

G. T. Seaborg et al., Chemical properties of elements 99 and 100. J. Am. Chem. Soc. **76**(24), 6229–6236 (1954b)

G. T. Seaborg et al., New element mendelevium, atomic number 101. Phys. Rev. **98**(5), 1518–1519 (1955a)

G. T. Seaborg et al., Radiation Laboratory and Department of Chemistry, University of California, Berkeley, CA, USA W. M. Manning et al., Argonne National Laboratory, Lemont, IL, USA R. W. Spence et al., Los Alamos Scientific Laboratory, Los Alamos, NM, USA new elements einsteinium and fermium, atomic numbers 99 and 100. Phys. Rev. **99**(3), 1048–1049 (1955b)

G. T. Seaborg et al., Element No. 102. Phys. Rev. Lett. **1**(1), 18–21 (1958)

G. T. Seaborg et al., *The Transuranium people, the inside story* (Imperial College Press, 2000), S. 190–191. ISBN 978-1-86094-087-3

W. Seelmann-Eggebert et al., *Karlsruher Nuklidkarte*, 7. Aufl. (2006)

W. Seifritz, *Nukleare Sprengkörper – Bedrohung oder Energieversorgung für die Menschheit* (Thiemig-Verlag, 1984). ISBN 3-521-06143-4

F. Seitz , D. Turnbull, *Solid state physics: advances in research and applications* (Academic Press, New York, 1964), S. 289–291. ISBN 0-12-607716-9,

H. Sicius, private Mitteilung

R. J. Silva, Fermium, Mendelevium, Nobelium, and Lawrencium. Hrsg. J. Fuger et al., *The chemistry of the actinide and transactinide elements*, Bd. 3, 3. Aufl. (Springer-Verlag, Dordrecht, 2006), S. 1621–1651

A. I. Smirnov et al., Production of microgram quantities of einsteinium-253 by the reactor irradiation of Californium. Inorg. Chim. Acta. **110**(1), 25–26 (1985)

J. C. Spirlet et al., *Advances in inorganic chemistry*, Hrsg. H.J. Emeléus, A.G. Sharpe, Bd. 31 (Academic Press, Orlando, 1987), S. 1–41

J. N. Stevenson, J. R. Peterson, Preparation and structural studies of elemental curium-248 and the Nitrides of Curium-248 and berkelium-249. J. Less Common Metals **66**(2), 201–210 (1979)

J. G. Stites et al., Preparation of actinium metal. J. Am. Chem. Soc. **77**(1), 237–240 (1955) The Nuclear Metals XXXX. http://www.thenuclearmetals.com

S. G. Thompson, B. B. Cunningham, *First macroscopic observations of the chemical properties of berkelium and Californium*, Supplement to Paper P/825 presented at the Second International Conference of Peaceful Uses Atomic Energy, Geneva (1958)

S. G. Thompson, G. T. Seaborg, *Chemical properties of berkelium*, Abstract, private Mitteilung

S. G. Thompson et al., A new eluant for the separation of the actinide elements. J. Inorg. Nucl. Chem. **2**(1), 66–68 (1956a)

S. G. Thompson, New Isotopes of Einsteinium. Physical Review, 104 (5), S. 1315–1319 (1956b)

„Thorium", Chemicool Periodic Table, chemicool.com (2012, Oct. 18). http://www.chemicool.com/elements/thorium.html. (Web 1/22/2015)

United States Patent 7118524, *Dosimetry for Californium-252 (252Cf) Neutron-emitting Brachytherapy Sources and Encapsulation, Storage, and Clinical Delivery Thereof*

W. Z. Wade, T. Wolf, Preparation and some properties of Americium metal. J. Inorg. Nucl. Chem. **29**(10), 2577–2587 (1967)

J. Weis, *Ionenchromatographie und darin genannte Literatur*, 3. Aufl. (Wiley, 2001), S. 4–49 ff

L. B. Werner, I. Perlman The pentavalent state of Americium. J. Am. Chem. Soc. **73**(1), 495–496 (1951)

E. F. Westrum Jr., E. LeRoy, The preparation and some properties of americium metal. J. Am. Chem. Soc. **73**(7), 3396–3398 (1951)

C. Willis, Special Nuclear Material, Uranium Chemistry, Blog. https://carlwillis.worldpress.com/2008/02/20/uranium-chemistry/. Zugegriffen: 08. Jan. 2015

World Nuclear Association, Radioisotopes in Medicine, Nuclear Medicine, London, Vereinigtes Königreich. http://www.world-nuclear.org

World Nuclear Association, Smoke Detectors and Americium, London, Vereinigtes Königreich, zuletzt aktualisiert (Juli 2014), http://www.world-nuclear.org/info/Non-Power-Nuclear-Applications/Radioisotopes/Smoke-Detectors-and-Americium/

World Nuclear Association, Thorium test begins, World Nuclear News, 21.06.2013, London, Vereinigtes Königreich. http://www.world-nuclear.org

Y12-National Security Complex Plant, USA

W. H. Zachariasen, On Californium metal. J. Inorg. Nucl. Chem. **37**(6), 1441–1442 (1975)

Zusammenfassung einschlägiger Literatur in einem Beitrag von Nutzer „Ill" im Leica User Forum, Permalink. Zugegriffen: 6. April 2011

Printed in the United States
By Bookmasters